U0172876

中国科学院科学出版基金资助出版

民用飞机运营支持丛书

民用飞机计划维修要求
制定与管理

柏文华　冯子寒　苏茂根　刘　昕　**编著**

科学出版社
北京

内 容 简 介

本书全面介绍了民用飞机计划维修要求制定与管理，包括相关的规章和规范要求、MSG-3 方法的历史与演变、IMPS 对 MRB 过程的管理；系统/动力装置、结构、区域和 L/HIRF 的 MSG-3 分析方法、流程以及分析实例；CMR 和 ALI 等规章要求的计划维修要求的制定方法。通过本书，可以完整地掌握民用飞机计划维修要求的分析方法和相关流程。

本书适用于民用航空维修工程技术、管理人员阅读，也可用作型号合格证申请人相关专业工程人员的学习和参考资料，还可作为大专院校相关专业师生的参考书。

图书在版编目(CIP)数据

民用飞机计划维修要求制定与管理／柏文华等编著
. —北京：科学出版社，2022.5
　（民用飞机运营支持丛书）
　ISBN 978-7-03-072265-2

Ⅰ.①民…　Ⅱ.①柏…　Ⅲ.①民用飞机—维修—研究
Ⅳ.①V267

中国版本图书馆 CIP 数据核字(2022)第 082951 号

责任编辑：胡文治／责任校对：谭宏宇
责任印制：黄晓鸣／封面设计：殷　靓

科 学 出 版 社 出版
北京东黄城根北街 16 号
邮政编码：100717
http://www.sciencep.com

南京展望文化发展有限公司排版
广东虎彩云印刷有限公司印刷
科学出版社发行　各地新华书店经销
*

2022 年 5 月第 一 版　开本：B5(720×1000)
2022 年 5 月第一次印刷　印张：14 3/4
字数：286 000

定价：150.00 元
（如有印装质量问题，我社负责调换）

民用飞机运营支持丛书

专家委员会

主任委员 吴光辉

委　　员（按姓名笔画排序）

白　杰　李　军　吴希明　周凯旋　徐庆宏
黄领才　龚海平　董建鸿　薛世俊

编审委员会

主任委员 马小骏

副主任委员 左洪福　杨卫东　徐建新　辛旭东　冯蕴雯

委　　员（按姓名笔画排序）

丁宏宇	王允强	石靖敏	卢　斌	冉茂江
丛美慧	吉凤贤	吕　鹭	朱亚东	任　章
刘　虎	刘　昕	关　文	苏茂根	李　怡
佟　宇	宋玉起	徐志锋	诸文洁	黄　蓝
曹天天	常芙蓉	崔章栋	梁　勇	彭焕春
曾　勇				

《民用飞机计划维修要求制定与管理》

编 写 人 员

主　编	柏文华	冯子寒	苏茂根	刘　昕
参编人员	商桂娥	林　潇	吴宏伟	王义萍
	赵　斌	李晓磊	罗　锋	孙铁源
	潘　佑	陈　锐	杨宾华	谭宏斌
	崔泗鹏	王龙飞	孙　良	马一非
	邹萍萍	朱　昊	魏晓飞	刘东山
	何利华			

民用飞机产业是典型的知识密集、技术密集、资本密集的高技术、高附加值、高风险的战略性产业,民用飞机运营支持是民用飞机产业链上的重要环节。2010年,我国工业和信息化部首次在"十二五"民用飞机专项科研领域设立"运营支持专业组",并列入国家五年规划,将民用飞机运营支持与飞机、发动机等并列为独立专业,进行规划研究。2014年,中国民用航空局飞行标准司发布《国产航空器的运行评审》(AC-91-10R1)和《航空器制造厂家运行支持体系建设规范》(MD-FS-AEG006),对主制造商航空器评审和运营支持体系建设提出了明确的要求和指导意见,为民用飞机运营支持专业的建设和发展指明了方向。

经过数十年的发展历程,我国航空工业对市场、客户、成本的概念并不陌生,但由于缺乏固定持续的项目投入,我国在按照国际标准自主研制民用飞机方面,没有走完一个完整的研制生产和商业化运营的过程,运营支持的理论和实践都比较薄弱。随着我国自主研制的大飞机项目的推进,对标国际一流标准,面对市场化和客户化需求,运营支持专业建设的重要性愈加凸显。

民用飞机运营支持工作是民用飞机制造业与民航运输业的纽带和桥梁,既要理解和满足客户运营要求,又要满足适航和运行标准,确保客户顺畅安全运营,保障我国民用飞机产品取得技术成功、市场成功和商业成功。运营支持专业具有一定的特殊性:一是服务时间长,随着产品复杂性的提高和市场竞争的激烈化,运营支持已经贯穿于飞机研制、制造、试验试飞、交付运营的全过程;二是技术要求高,服务内容涉及设计、制造、仿真、培训、维修、物流、信息技术及适航管控等多个领域,是一项高技术综合集成、多领域高效协作的复杂系统工程;三是服务范围广,民用飞机在使用过程中必须按照全球化运营要求,对培训、维修、备件服务、运行支援等服务链进行细分和布局,才能满足不同国家和地区,以及不同用户的各种需求;四是带动效益高,运营支持作为一个增值环节,是民用飞机产业化后的重要利润来源,同时推动飞行品质的持续改进,推动每一款新型飞机赢得忠实客户并实现市场化运作。

中国商用飞机有限责任公司作为国家大型客机项目的运作实体,已经对标国际先进理念,构建了以研发、生产、客服三大平台为主体的公司架构,中国商飞上海飞机客户服务有限公司作为运营支持的主体,建立了对标国际一流的运营支持体系,填补了国内运营支持领域的空白,在该专业领域开展了许多卓有成效的工作。西安飞机工业(集团)有限责任公司作为按照中国民用航空规章第121部运行规范管理的公共航空运输企业中运行的航空器制造商,目前也建立了自己的客户服务体系。运营支持工作不仅仅是飞机主制造商战略层面的需求,更是民用飞机产业发展的必经之路。

"民用飞机运营支持丛书"作为科学出版社重点图书出版,是我国民用飞机研制过程中的重要内容。丛书既包括领域内先进的理论方法和技术,也包括"十二五"以来民用飞机运营支持领域第一线的研究成果和工作经验。本丛书的出版将完善民用飞机专业技术体系,为我国民用飞机研制和产业发展提供有力的技术保障。丛书亦可供航空院校的学生及与从事航空工作的相关专业人士参考。

在此,对在民用飞机运营支持领域默默耕耘的行业开拓者表示敬意,对为此丛书的出版贡献智慧和力量的国内外航空领域专业人士表示谢意!

张彦仲

国务院大型飞机重大专项专家咨询委员会主任委员
中国商飞公司大型客机项目专家咨询组组长
中国工程院院士
二○一七年三月

　　民用飞机运营支持专业是一个综合了飞机设计、制造、可靠性与维修性工程、安全工程、适航技术与管理、工业工程、物流工程、信息技术以及系统工程等专业逐渐发展形成的新兴领域,是实现民用飞机制造商产品价值增值、持续发展的关键,也是实现民用飞机运营商安全运营、持续有效创造利润的核心要素。加强民用飞机运营支持体系建设可以提高主制造商的服务水平和保障能力,增强对上下游供应链的控制能力,从而打造主制造商的品牌价值。国外一流的民用飞机主制造商早已意识到运营支持是自身品牌抢占市场份额的竞争要素,运营支持的理念、模式、内容和技术不断更新,以为客户提供快速、可靠、低成本、网络化和信息化的服务为目标,建设完备先进的运营支持网络和设施。

　　2010 年,我国工业和信息化部首次在"十二五"民用飞机专项科研领域设立"运营支持专业组",并列入国家五年规划。经过"十二五"的预研攻关,我国民用飞机运营支持在多个前沿技术领域取得重要突破,并应用到国产支线飞机、干线飞机、直升机和通用飞机的型号研制工作中。

　　在总结民用飞机运营支持专业"十二五"工作成果和国产民用飞机投入市场运行的实践经验的同时,技术的进步和市场竞争的日益激烈,使得民用飞机运营支持专业领域涵盖的范围不断扩展,全方位、客户化的运营支持价值日益凸显。全新的客户理念推动运营支持专业迅速发展,工作内容涉及了客户培训、技术服务、备件支援、技术出版物和维修工程等多个领域,其范围也已延伸到飞机的研制前期,贯穿于飞机方案论证、产品设计、生产、试验试飞、交付运营的全生命过程。

　　丛书涵盖了培训工程、维修工程与技术、运行安全工程与技术、工程数据应用等专业,涉及我国国产民用飞机、直升机和通用飞机运营支持的诸多关键技术。丛书的专家委员、编审委员、编写人员由国内民用飞机运营支持领域的知名专家组成,包括我国民用飞机型号总设计师、高校教授、民航局专业人士等。丛书统一部署和规划,既从较高的理论高度关注基础前沿科学问题,又密切结合民用飞机运营支持领域发展的前沿成果,注重相关专业领域的应用技术内容。

丛书作为科学出版社"十三五"重点图书出版,体现了国家对民用飞机运营支持体系建设的高度重视,也体现了该领域迎来了前所未有的发展机遇。该套丛书的出版既可以为从事该领域研究、生产、应用和教学的诸行业专业人员提供系统的参考,又是对该领域发展极好的回顾和总结。作为国内全面阐述民用飞机运营支持体系的首套丛书,对促进中国民用飞机产业实现后发优势,填补专业领域空白,推动我国航空服务业发展,早日跻身航空大国有着重要的意义。

在此,我谨代表"民用飞机运营支持丛书"专家委员会,向耕耘在运营支持领域的广大工作者们致以敬意。同时,也愿每一位读者从中受益!

中国商用飞机有限责任公司副总经理

C919 大型客机项目总设计师、副总指挥

中国工程院院士

二〇一七年十二月

前　言

　　民用飞机制定计划维修任务,从而以较低的费用保持飞机的固有安全性和可靠性,是该领域的通行做法。MSG－3方法是制定民用飞机计划维修任务的主流方法,得到众多飞机制造厂商的支持,其应用范围也逐渐从民用干线飞机逐渐扩展到旋翼飞机。通过四十多年的应用实践,MSG－3方法在降低维修成本,同时保持飞机的安全性和可靠性方面,取得了巨大的成功。本书梳理了民用飞机计划维修要求相关的规章和规范,对规章要求、MSG－3的思想及其方法的演变、IMPS分别作了较为详细的介绍;然后介绍了计划维修要求制定的过程、组织和管理等相关要求;接着详细阐述MSG－3分析方法中系统/动力装置、结构、区域和L/HIRF四方面内容,并提供了分析实例。对于规章要求的其他计划维修要求,如审定维修要求、适航限制项目,本书也作了较为详细的介绍。

　　全书共包括10章,形成了较为完整的民用飞机计划维修要求制定理论与实践体系。在本书编写过程中,得到了作者所在单位——上海飞机客户服务有限公司维修工程部商桂娥、林潇、吴宏伟、赵斌、罗锋、孙铁源、胡正平、陈锐、王义萍等工程师的大力协助,他们从事民用飞机计划维修任务的分析工作多年,积累了丰富经验。中国民航科学技术研究院资深专家李晓磊协助解读了本书涉及的民航规章以及IMRBPB发布的众多IP。特别需要感谢公司资深专家余钧、诸静华,两位专家对本书的编写、修订投入了大量的时间和精力,提出了很多宝贵的意见和建议。

　　作者深度参与国产民用飞机的研制工作,组织、实施了两个型号的国产民用飞机的MSG－3分析及相应的MRB过程,深感MSG－3分析方法知易行难。

因此,不揣冒昧,成此小书,以供读者参考。由于日常工作繁忙,投入本书的时间、精力有限,本书不妥之处必定不少,恳请读者予以批评指正。

当前,我们正处于伟大的变革时代,面临百年未有之大变局。世界民用飞机领域正发生着复杂而深远的变化,国产民用飞机的研制也到了关键时刻。作为航空人,需要迎难而上,不断吸收新知识,掌握新技术,为实现让祖国的大飞机早日翱翔蓝天的梦想乃至中华民族伟大复兴的中国梦作出更大贡献!

作 者
二〇二一年九月

目 录

第1章 绪论

1.1 概述

　　飞机在运营过程中受到载荷和环境影响,其结构和系统不可避免地会出现退化、失效。为了探测或恢复飞机出现的退化和失效,保持飞机固有安全性和可靠性,定期对飞机进行检查维护是一个至关重要的手段。为了确保飞机寿命周期内安全、经济地运营,需要制定必需的重复性或者周期性检查任务。这些重复性或者周期性检查任务,包括检查要求及相应的时间间隔要求,即为本书讨论的计划维修要求。

1.1.1 计划维修要求

　　本书讨论的计划维修要求主要包括通过 MSG - 3 分析方法得到的维修审查委员会报告(maintenance review board report,MRBR)任务、审定维修要求(certification maintenance requirement,CMR)和适航限制项目(airworthiness limitation item,ALI),后面两项通常合称为适航限制部分(airworthiness limitation section,ALS)。通常合格证(type certification,TC)持有人会根据 MRBR、CMR 和 ALI,发布维修计划文件(maintennance program document,MPD),而运营人会根据MPD,制定自己的维修方案(maitenance program,MP)①。由此,保证一架飞机安全、可靠运营所需的绝大多数计划维修要求就确定下来了。

　　当然,除上述这些任务外,还有些其他的周期性检查任务。例如,TC 持有人可以直接在 MPD 里推荐周期性检查任务;管理当局

---

　　① 这份文件,不同的运营人,可能有不同的称呼。

发布的适航指令(airworthiness directive,AD),可能针对影响飞行安全的系统或部件,强制要求作周期性检查;当飞机系统或部件存在意外缺陷时,TC 申请人可以发布服务通告(service bulletin,SB),要求运营人对存在缺陷的系统或部件加强检查甚至周期性检查,直到完成处理措施或者设计更改落实。这些周期性检查任务,虽然也可分别视作计划维修要求的一部分,运营人也可能将其加入 MP 中一并管理,但不在本书讨论范围之列。

1.1.2　MRBR 与 SMR

如前所述,通过 MSG - 3 方法产生的这部分计划维修要求,由于需要得到管理当局维修审查委员会(maintenance review board,MRB)的批准,行业内因此称为维修审查委员会报告(maintenance review board report,MRBR)。

2014 年,中国民用航空局(Civil Aviation Administration of China,CAAC)就航空器运行符合性评审(航空器评审)的组织实施了改革,扩充了航空器评审组(aircraft evaluation group,AEG)下属的 3 个委员会的职责范围。CAAC 航空器评审组织框架下成立 3 个评审专业委员会,接受 AEG 领导。

飞行标准化委员会(flight standards board,FSB)主要由飞行运行专业人员组成,执行下述评审任务:

(1) 评审驾驶员资格规范;

(2) 评审运行文件;

(3) 评审驾驶舱观察员座椅适用性;

(4) 评审机组睡眠区适用性;

(5) 评审电子飞行包适用性;

(6) 评审客舱应急撤离程序演示等。

飞行运行评估委员会(flight operations evaluation board,FOEB)主要由飞行运行专业人员、维修专业人员组成,执行下述评审任务:

(1) 评审型号设计对运行要求的符合性;

(2) 评审主最低设备清单等。

维修审查委员会(MRB)主要由维修专业人员组成,执行下述评审任务:

(1) 评审计划维修要求;

(2) 评审维修人员资格规范;

(3) 评审持续适航文件等。

由此不难看出,除非将持续适航文件、维修人员资格规范全部纳入 MRBR,如果再以 MRBR 的名义发布 MSG - 3 分析产生的这部分计划维修要求就欠妥了。有鉴于此,CAAC 将 MRBR 改称为计划维修要求(schedule maintenance requirements,SMR)。

由于欧洲航空安全局(European Union Aviation Safety Agency,EASA)、美国联邦航空管理局(Federal Aviation Administration,FAA)等管理当局,以及相关国际行业规范仍采用 MRBR 的说法,并且 CAAC 一些现行规章如 AC-121/135-67《维修审查委员会和维修审查委员会报告》也仍然使用 MRBR 的称谓。因此本书在称 MSG-3 分析产生的这部分计划维修要求时,仍沿用 MRBR,不使用 SMR,除非引用的 CAAC 规章里使用 SMR,为与规章保持一致,才使用 SMR,请读者注意甄别。

1.2　计划维修要求制定相关要求简介

计划维修要求在制定和管理过程中,需要遵循相应的民航规章要求和行业规范要求,以确保计划维修要求制定的正确性和有效性。

1.2.1　民航规章要求

计划维修要求的制定与管理还需要遵循的民航规章要求主要包括:CCAR-25-R4《运输类飞机适航标准》、CCAR-91《一般运行和飞行规则》、CCAR-121-R5《大型飞机公共航空运输承运人运行合格审定规则》以及相应的咨询通告(advisory circular,AC)等。计划维修要求制定与管理适用民航规章如表 1.1 所示。详细的民航规章介绍请参见本书第 2 章。

表 1.1　计划维修要求适用民航规章清单

文　件　号	文　件　名
CCAR-25-R4	运输类飞机适航标准
CCAR-91-R3	一般运行和飞行规则
CCAR-121-R5	大型飞机公共航空运输承运人运行合格审定规则
AC-25-19A	审定维修要求
AC-91-11-R2	航空器的持续适航文件
AC-91-26-R1	航空器计划维修要求的编制
AC-121/135-67	维修审查委员会和维修审查委员会报告
MD-FS-AEG006	航空器制造厂家运行支持体系建设规范

1.2.2　行业规范要求

计划维修要求的制定与管理还需要遵循相应的行业规范要求,主要包括 MSG-3《运营人/制造商计划维修要求制定》、IMPS《国际 MRB/MTB 过程标准》等。在 TC 申请人发布计划维修要求时,还需要遵循相应的编制规范,如 ATA2200《航空维修资料规范》或者 S1000D《基于公共源数据的技术出版物国际规范》等。计划维修要求制定与管理适用行业规范如表 1.2 所示。详细的行业规范介绍请参见本书第 3 章。

表 1.2 计划维修要求相关民航规章清单

文 件 号	文 件 名
MSG-3	运营人/制造商计划维修要求制定
IMPS	国际 MRB/MTB 过程标准
ATA2200	航空维修资料规范
S1000D	基于公共源数据的技术出版物国际规范

1.3 主流实践简介

1.3.1 波音公司

1968 年 MSG-1 方法被提出之后,波音公司随即将其用于制定波音 747 宽体飞机的维修大纲,这是改变传统"单一定时"维修的首次尝试,取得了很好的经济效益。此后,波音公司还使用修改过的 MSG-1,即 MSG-2 方法,对已有飞机机型,如 707、727、737-200 飞机的维修大纲进行修订,也获得了成功。波音 1980 年采用 MSG-3 原版方法制定了 737-400、747-400、757、767 等飞机的维修大纲;1983 年将 MSG-3 的第一次改版应用于 777 飞机的维修大纲制定;1993 年将 MSG-3 的第二次改版应用于新一代 737 飞机。此后,波音公司均依据适用的新版 MSG-3 方法制定旗下飞机的维修大纲。

总之,波音是应用 MSG 方法的先行者,对整个民用飞机制造业乃至其他行业都起到了引领示范作用。同时,波音在众多机型上取得的实践经验,反过来作用于 MSG 方法上,推动 MSG 方法不断变革,使得波音成为 MSG 方法的主要贡献者之一。

1.3.2 空客公司

在波音公司利用 MSG-1、MSG-2 方法取得巨大成功之际,欧洲国家制定了一种类似的方法,称为 EMSG 方法,用于制定欧洲国家所生产飞机包括协和号客机和空客 A300 飞机的维修大纲。1983 年,空客公司将 MSG-3 的第一次改版应用于 A340 飞机的维修大纲制定。MSG-3 方法也从此成为空客公司旗下民用飞机制定维修大纲时的首选方法。

空客公司靠着 A320 家族飞机的大获成功,在民用运输飞机领域占有了一席之地,顺带着在 MSG 方法上也掌握了一定的话语权,是 MSG 方法的积极推动者。

1.4　主要内容安排

本书主要内容安排如下。

第 2 章梳理了民用飞机计划维修要求制定过程中适用的民航规章,对每部规章作了简要介绍,对与计划维修要求制定相关内容作了解读。

第 3 章梳理了计划维修要求制定过程中适用的行业规范,着重介绍了 MSG-3 和 IMPS。详细阐述了 MSG-3 分析思想及其方法的演变,对迄今为止所有发布的 IP 进行了较为详细的解读,从而理清了 MSG-3 分析方法的发展脉络。同时也介绍了 IMPS 对 MSG-3 分析过程、组织和管理等各方面要求。

第 4 章介绍了 MRBR 制定过程及管理,包括实施 MRB 过程的组织与管理、PPH 和 MRBR 的制定与修订管理要求、WG 和 ISC 会议的组织与管理,同时介绍了飞机研制各阶段所对应的计划维修要求制定工作。

第 5 章介绍了系统/动力装置的 MSG-3 分析方法,详细阐述了主要分析步骤,如 MSI 的选择、上层分析、下层分析以及分析步骤中工程判断,如显隐性判断、适用性判断、有效性判断等,并以国产民用飞机燃油通气系统为例,给出了完整的分析实例。

第 6 章介绍了结构的 MSG-3 分析方法,详细阐述了主要分析步骤,如 SSI 的选择、评级矩阵的确定、金属材料的 AD/FD 分析、非金属材料的分析等,最后以 SSI 中机身上蒙皮壁板组件的 MSG-3 分析为例,介绍了结构 MSG-3 分析的整个流程。

第 7 章介绍了区域的 MSG-3 分析方法,详细阐述了主要分析步骤,包括区域划分与区域项的确定,标准区域分析,增强区域分析以及分析步骤中工程判断,如稠密度、重要性以及暴露等级的判断、适用性判断、有效性判断等,最后给出了后货舱区域 MSG-3 分析实例。

第 8 章介绍了 L/HIRF 的 MSG-3 分析方法,首先概述了 L/HIRF MSG-3 分析方法的演变过程,然后介绍了整个分析流程,包括分析候选项的确定、防护部件性能及所在区域的说明、环境损伤和偶然损伤敏感性确定、防护部件的降级模式确定,最后给出了垂直尾翼搭接线的 L/HIRF 分析实例。

第 9 章介绍了适航规章相关的计划维修要求,包括审定维修要求、适航限制项目、适航指令等,较为详细地阐述了审定维修要求和适航限制项目的制定流程与方法,分析了 MSG-3 任务与 CMR 任务的区别与联系。

第 10 章简要介绍了 MSG-3 分析方法面临的新变化,指出了 MSG-3 方法未来继续发展潜在方向。

1.5　编写凡例

本书编制过程中,遵循以下凡例:

(1) 本书主要针对的是按照中国民航规章(Chinese Civil Aviation Regulations,CCAR)25 部取证的民用运输飞机,小型飞机、旋翼飞机或者动力增升飞机以及军用飞机一般不在讨论之列;

(2) 在参引规章时,采用 CCAR 相应规章,如果是 CCAR 没有的条款而又是论述所必需的,则引用最新且适用的 CFR(Code of Federal Regulation)条款;

(3) 波音、空客这样的飞机主制造商,泛指时一般称 TC 申请人或 TC 持有人;

(4) 欧洲航空安全局、美国联邦航空管理局或者中国民用航空局这样的局方,泛指时一般称管理当局;

(5) 航空公司泛指时一般称运营人(operator);

(6) 在引用规章条款时,使用条款中名称,如条款使用"航空器制造厂家"指代 TC 申请人,不改称"TC 申请人",而是沿用规章原有名称,以与规章条款保持一致[①];

(7) 在使用英文缩略语时,如为首次出现,一般会给出中文名、英文全名、英文缩略语。后面各章首次出现时,一般给出中文名和英文缩略语,其他地方一般直接使用缩略语。全书使用的缩略语作为附录附在正文后面,便于检索。

---

① 不同的规章间的名称,有可能也不一致。例如,MRBR 在一些规章中称为 SMR,在另一些规章中仍称 MRBR。

第2章 适用民航规章规范简介

2.1 运输类飞机适航标准(CCAR-25-R4)

2.1.1 概述

运输类飞机适航标准[①] CCAR-25-R4,从飞机性能和特性、结构和系统设计方面明确了最低安全要求。

该规章是用于颁发和更改运输类飞机型号合格证的适航标准,根据中国民用航空规章的规定申请或更改运输类飞机型号合格证的申请人,必须表明符合该规章中适用的要求[1]。

2.1.2 章节简介

A 分部:总则。主要规定了本标准适用于运输类飞机和申请 ETOPS 型号设计批准的适用范围。

B 分部:飞行。主要规定了为证明运输类飞机的性能、操纵性、机动性和稳定性、地面和水面操纵特性等符合性要求而需要进行的飞行试验要求。

C 分部:结构。主要规定了载荷、结构强度和验证、飞行和地面载荷及水面载荷评估要求,以及有关机体、操纵系统、起落架等部件的结构设计要求,还规定了适坠性和疲劳要求以及闪电防护要求。

D 分部:设计与构造。主要规定了设计技术、材料、安全系数、

---

① 适航标准是以民用航空实践尤其是以航空空难事故调查结果为背景,经过必要的验证或论证及公开征求公众意见不断修订而成,为保证民用航空器的适航性而制定的技术标准,是政府主管航空部门(CAAC)制定的具有法律效力的规章,凡从事民用航空活动的人和单位以及个人都必须遵守并严格执行。民用航空器制造厂家作为型号合格证申请人,应按照中国民用航空局 CCAR-25-R4 有关要求,表明其提交进行型号合格审定的航空器符合申请之日有效适用的适航规章。

操纵系统和起落架设计、载人和载货设施、应急设施设计、防火以及颤振、防鸟撞等设计要求。

E 分部：动力装置。主要规定了包括发动机、燃油系统及部件、滑油系统、进排气系统等在内的动力装置安装要求以及动力装置的防火要求。

F 分部：设备。主要规定了包括仪表、电气系统和设备、照明系统、安全设备、氧气系统等在内的功能和安装要求。

G 分部：使用限制和资料。主要规定了为运输类飞机正常安全运行而必须可供驾驶员和其他人员使用的全部信息要求，包括从使用限制、标识、标牌到持续适航文件、飞行手册。

H 分部：电气线路互联系统。主要规定了电气线路互联系统内容、功能和安装要求，系统安全、防火、电气搭接和防静电要求，以及标识和持续适航文件要求。

附录 A~N：共 14 个附录。主要提出了运输类飞机设计的参数定义、结冰试飞条件、材料燃烧试验、突风载荷设计准则、持续适航文件编制、起飞推力自动控制系统安装、应急撤离演示、延程运行适航要求以及高强辐射场环境和设备测试、燃油箱可燃性防护措施等方面要求。

附录 A~G：略。

附录 H：持续适航文件。主要规定了持续适航文件的编制要求，特别是 H25.4 对适航限制项目给出了明确要求。

附录 I~L：略。

附录 M：燃油箱系统降低可燃性的措施。主要提出了燃油箱可燃性暴露的数值要求，同时要求为满足可燃性暴露要求所必需的维护或检查工作确定适航限制，并考虑制定维护程序以识别 FRM 维护过程中要考虑的任何危害。这些程序必须纳入持续适航文件（ICA）中。

附录 N：燃油箱可燃性暴露和可靠性分析。主要规定了满足 25.981 条款和附录 M 所需进行的燃油箱机队平均可燃性暴露分析的要求，以及分析中必须使用的影响燃油箱可燃性的参数。

2.1.3　相关内容解读

与本书关系较密切的 CCAR-25-R4 条款主要是第 25.571 条"结构的损伤容限和疲劳评定"、第 25.981 条"燃油箱点燃防护"、第 25.1309 条"设备、系统及安装"以及附录 H"持续适航文件"等，各条款详细内容请参考本书附录 1。

25.571 条款要求民用飞机的结构设计必须遵循损伤容限设计准则，除非是经适航批准的、按安全寿命设计的结构，如起落架。必须制订"为预防灾难性破坏所必须的检查工作或其他程序"，且相关检查要求要加入持续适航文件的适航限制部分。关于这部分内容，具体可参考本书 9.2.2 节。

25.981 条款要求针对燃油箱点燃防护相关设计,必须确定必要的关键设计构型控制(critical design configuration control limitations,CDCCL)和相应的检查程序,以防止燃油箱形成点火源。CDCCL 以及检查程序也需要加入持续适航文件的适航限制部分。关于这部分内容,可参考本书 5.3.1 节以及 9.2.3 节。

25.1309 条款是对系统或者部件失效影响与失效概率之间负相关要求,也即如果一个系统/部件的失效影响越严重,其失效概率就必须越低。TC 申请人通常利用审定维修要求(CMR)来说明对 25.1309 条款的符合性。这部分内容可参考本书 9.1 节。

CCAR-25-R4 的附录 H 是对持续适航文件的要求。而计划维修要求,不管是 MRBR,还是适航限制项目或审定维修要求,都属于持续适航文件的一部分。因此 TC 审定人在编制、发布计划维修要求时,必须遵循附录 H 的要求。

2.2　一般运行和飞行规则(CCAR-91-R3)

2.2.1　概述

该规章适用于在中华人民共和国境内(不含香港、澳门特别行政区)实施运行的所有民用航空器(不包括系留气球、风筝、无人火箭和无人自由气球)的飞行和运行。

对于公共航空运输运行,除应当遵守本规则适用的飞行和运行规定外,还应当遵守公共航空运输运行规章中的规定[1]。

2.2.2　章节简介

A 章:总则。提出了文件的目的、依据和使用范围。规定了机长职责与权限、驾驶员、飞行机组、飞行手册、标记和标牌等一般要求,航空器适航性要求。

B 章:飞行规则。规定了飞行前准备、滑行、在岗飞行机组、安全带、航空器速度、最低安全高度、空中交通管制灯光信号、飞行限制等要求;在不同空域、危险区、限制区、禁区、高考空域的运行要求;目视飞行规则、仪表飞行规则等要求。

C 章:特殊的飞行运行。规定了特技飞行、跳伞、牵引滑翔机等飞行运行要求。

D 章:维修要求。规定了航空器及其部件维修的总体要求,维修大纲要求、维修管理要求、修理和改装要求,批准恢复使用及记录要求、适航性检查要求等。

E 章:设备、仪表和合格证要求。规定了目视飞行规则所需仪表和设备、仪表飞行规则所需仪表和设备、夜间和云上运行、结冰条件下运行所需仪表和设备;马赫表、无线通信设备、导航设备、应急和救生设备、氧气设备、气象雷达、高度报告和高度警告系统、飞行记录仪、应急定位发射机、地形提示和警告系统、机载防撞系统、辐射指示器等设备仪表和合格证的要求;特定飞行所需仪表要求等,以及不工作的仪表和设备要求。

F章:对大型和运输类航空器的设备和运行的附加要求。规定了音响速度警告装置的安装要求及运输类飞机重量限制等附加要求。

G章:外国民用航空器在中国境内运行和在中华人民共和国国籍登记的民用航空器在境外运行要求。

H章:商业非运输运营人的运行合格审定要求。一般商业飞行、农林喷洒作业飞行、旋翼机机外载荷作业飞行等非运输运营人的运行合格审定要求。

J章:私用大型航空器运营人的运行合格审定要求。规定了私用的大型航空器运营人运行规范的申请和颁发、运行规范内容要求及运行合格审定要求。

K章:航空器代管人的运行合格审定和运行规则。规定了对航空器代管人进行运行合格审定和运行管理的要求。

L章:大型和涡轮动力多发动机飞机。规定了大型和涡轮动力多发民用飞机的运行要求。

M~P章:农林喷洒作业等其他类航空器的飞行。

Q章:偏离。说明了可进行偏离申请的条款及偏离证书的签发要求。

R章:法律责任。

S章:附则。

2.2.3　相关内容解读

与本书密切相关的 CCAR－91－R3 条款主要是其 D 章"维修要求"的第91.309条"航空器检查大纲",条款内容请参见本书附录1。

91.309 条款明确要求运营人必须制定航空器检查大纲。运营人在制定航空器检查大纲时,可以使用 TC 申请人推荐的检查大纲,也可以自己按照规章要求制定检查大纲并得到管理当局的批准。一般说来,多数运营人还是采用 TC 申请人推荐的检查大纲。91.309 条款实际上也就解释了制定计划维修要求的目的:它是运营人安全、可靠运营航空器所必需的。

2.3　大型飞机公共航空运输承运人运行合格审定规则(CCAR－121－R5)

2.3.1　概述

为了对大型飞机公共航空运输承运人进行运行合格审定和持续监督检查,保证其达到并保持规定的运行安全水平,根据《中华人民共和国民用航空法》和《国务院对确需保留的行政审批项目设定行政许可的决定》制定该规章[1]。

该规章适用于在中华人民共和国境内依法设立的航空运营人下列公共航空运输运行①：

（1）使用最大起飞全重超过 5 700 千克的多发飞机实施的定期载客运输飞行；

（2）使用旅客座位数超过 30 座或者最大商载超过 3 400 千克的多发飞机实施的不定期载客运输飞行；

（3）使用最大商载超过 3 400 千克的多发飞机实施的全货物运输飞行。

2.3.2　章节简介

A 章：明确本文件的目的和依据、适用性、定义、运行合格审定和程序监督、飞机湿租及境外运行规则等。

B 章：运行合格审定的一般规定。主要明确运行合格证及其运行规范的定义及内容、申请和颁发程序、颁发条件、检查及修改、持证人/申请人相关责任等内容。

C 章：管理运行合格证持有人的一般规定。主要明确监察与检查的实施、安全管理体系、管理人员和机构、相关基地、偏离批准等要求。

E 章：国内、国际定期载客运行航路的批准。主要明确了航路批准基本要求、航路宽度、机场资料、通信设施、气象服务、导航设施、飞行签派中心、地面服务等要求。

F 章：补充运行的区域和航路批准。主要明确了航路和区域要求、航路宽度、机场资料、气象服务、导航设施、飞行跟踪系统、地面服务等要求。

G 章：手册的要求。主要明确了为实施各种运行的飞行人员、维修和其他地面运行工作人员使用和指导其操作的手册制定与保存、总体、分发及可用性等要求，并规定了运行合格证持有人对飞行手册的管理等要求。

H 章：飞机的要求。主要明确了飞机应具有适航证、国籍登记证、无线电执照等基本要求、审定及设备要求、航路类型限制、运行验证试飞、应急撤离程序的演示等要求。

I 章：飞机性能使用限制。主要明确了活塞式发动机驱动、涡轮发动机驱动的飞机的重量限制、起飞限制、航路限制及着陆限制要求、备降机场要求。

J 章：特殊适航要求。主要明确了座椅间距、货物装载要求。

K 章：仪表和设备要求。主要明确了按照运行规则运行应装载的飞机仪表和设备、发动机仪表、厕所防火、应急设备、座椅及安全带、座舱内部材料、货仓及行李舱、燃油箱、旅客告示、机内广播系统、通话系统、高度保持和警告系统、夜间运行/

① 航空器投入运行前应根据计划的运行种类表明其对相应民航规章（CCAR-91、CCAR-121 等）的符合性，航空器运营人应在航空器投入运营前考虑运行规章符合性，并获得运营许可。

仪表飞行规则运行仪表和设备、呼吸设备及供氧、应急设备、结冰运行,以及数据记录、无线电设备、雷达及警告系统等要求。

L 章:飞机维修。主要明确了适航性责任、维修系统、工程管理手册、飞机维修方案、可靠性方案、维修机构及人员、培训大纲、飞机修理及改装、适航性检查、飞机放行、维修记录等要求。

M 章:机组成员和其他航空人员的要求。主要明确了航空人员的条件及限制、飞行机组的组成、相关人员要求、紧急情况和应急撤离职责等。

N 章:训练大纲。主要明确了训练的基本要求、实施训练的特殊规定、训练大纲要求、飞行模拟机、客舱模拟器和其他训练设备、航空检查人员和教员的资格与训练、机组成员和飞行签派员的训练要求、机组成员的应急生存训练、机组成员和飞行签派员的差异训练、初始和转机型飞行训练、定期复训以及机组成员的保安训练等要求。

O 章:机组成员的合格要求。主要明确了驾驶员的执照要求、运行经历要求、使用限制和搭配要求、近期经历要求及相关检查要求、机长的区域/特殊区域、航路和机场合格要求、飞行机械员的合格要求、客舱乘务员的搭配要求、客舱乘务员的合格要求等。

P 章:机组成员值勤期限制、飞行时间限制和休息要求。主要明确了飞行机组的飞行时间限制、飞行值勤期限制、累积飞行时间、值勤时间限制,客舱乘务员的飞行值勤期限制、累积飞行时间、值勤时间限制,以及机组成员休息时间的附加要求等。

Q 章:飞行签派员的合格要求和值勤时间限制。主要明确了飞行签派员的合格要求、值勤时间限制等要求。

R 章:高级训练大纲。主要明确了资格要求、高级训练大纲的一般要求、高级训练大纲的批准、基础理论课程、资格认定课程、持续资格保持课程、执照或等级颁发的条件、训练器和模拟机、记录保持等要求。

S 章:特殊运行。主要明确了基于性能的导航运行、广播式自动相关监视、管制员飞行员数据链通信、平视显示器或等效显示器、增强视景系统、增强飞行视景系统、合成视景系统和/或组合视景系统、电子飞行包等要求。

T 章:飞行运作。主要明确了国内、国际定期载客运行的运行控制责任、补充运行的运行控制责任、飞机追踪、安保要求、运行通告、运行时刻表、客舱乘务员机型数量的限制、机组成员的值勤要求、操作位置上的飞行机组成员、操纵装置的控制、进入驾驶舱的人员的限制、局方监察员进入驾驶舱的权力、飞行装具、机场运行最低标准、国内(国际)定期载客运行的运行限制或者暂停运行、补充运行的运行限制或者暂停运行、飞行中燃油管理、定期载客运行的紧急情况、危险天气和地面设施与导航设施不正常的报告、补充运行的紧急情况、机械故障的报告、发动机不工作时的着陆和报告、仪表进近程序和仪表飞行规则着陆最低标准、飞机互换、应急撤离的能力、延伸跨水运行中对旅客的简介、便携式电子设备的禁用和限制、机上饮用含酒精饮料的限制、航空卫生保障、客舱和驾驶舱内大件物品的固定、客舱臭氧浓度、使用自动驾驶仪的最低高度、电子导航数据管理、拒绝运输的权力、驾驶舱门的关闭与锁定、审定合格的陆上机场的使用等要求。

U 章：签派和飞行放行。主要明确了定期载客运行的签派权、补充运行的飞行放行权、飞行签派员向机长的通告、补充运行的设施和服务、飞机设备、通信和导航设施、目视飞行规则的签派或者放行、仪表飞行规则的签派或者放行、跨水运行的签派或者放行、起飞备降机场、目的地备降机场、不安全状况中继续飞行、仪表或者设备失效、结冰条件下运行、定期载客运行从备降机场和未列入运行规范的机场起飞、燃油量要求、起飞和着陆最低标准、飞行高度规则、装载舱单的制定等要求。

V 章：记录和报告。主要明确了机组成员和飞行签派员记录、飞机记录、签派单、补充运行的飞行放行单、装载舱单、飞机飞行记录本、通信记录、紧急医学事件报告、使用困难报告(运行)、使用困难报告(结构)、机械原因中断使用汇总报告、运行中人为差错报告等要求。

W 章：延程运行与极地运行。主要明确了延程运行与极地运行的相关要求。

X 章：应急医疗设备和训练。略。

Y 章：罚则。略。

Z 章：附则。略。

2.3.3　相关内容解读

与本书密切相关的 CCAR - 121 - R5 条款主要是其 L 章"飞机维修"的第121.367 条"飞机维修方案",其内容请参考本书附录 1。

121.367 条款明确了 TC 申请人需要为其飞机编制维修方案,并须得到局方的批准,同时对维修方案包含的信息内容作了明确规定。该条款实际上进一步明确了 TC 申请人制定计划维修要求的主体责任。

2.4　审定维修要求(AC - 25 - 19A)

2.4.1　概述

AC - 25 - 19A 是 FAA 于 2011 年 10 月 3 日发布的咨询通告,用以取代 1994 年发布的 AC - 25 - 19。由于 CAAC 咨询通告 AC - 25.1529 - 1《合格审定维修要求》主要参考的还是 FAA 的 AC - 25 - 19,因此本节主要介绍最新适用的 AC - 25 - 19A,而不是 CAAC 的 AC - 25.1529 - 1。

该咨询通告主要用于指导民用飞机审定维修要求的制定。

2.4.2　章节简介

第1章：目的。本咨询通告主要用于指导审定维修要求的选择、记录与控制。

第2章：适用范围。略。

第3章：撤销。略。

第4章：相关文件。略。

第5章：审定维修要求定义。此处明确审定维修要求是型号合格证和补充型号合格证的运行限制，是持续适航文件的一部分。

第6章：其他定义。此章主要定义了失效、失效条件（包括）、失效概率等重要术语。

第7章：系统安全性评估。重申了25.1309条可接受概率和失效严重度的反相关要求，对于复杂的，或集成度很高的，或使用了新技术的系统或部件，给出了安全性评估的建议。明确了AC 25.1309－1A在25.1309条款符合性方面的重要指导意义。

第8章：CCMR相关的设计考虑。此处提出了不少CCMR相关的设计建议，例如，尽量设计故障监测和指示系统来探测重大潜在失效以替代CCMR，考虑增加上电自检测功能等。

第9章：计划维修任务制定过程概述。主要给出了MRB过程和审定过程的相互协调过程。

第10章：识别CCMR。强调系统安全性分析必须覆盖所有的重大潜在失效，那些用来探测重大潜在失效的维修任务应被识别为CCMR，CCMR的任务间隔可以通过定量计算，也可以通过工程判断。

第11章：审定维修协调委员会（Certification Maintenance Coordination Committee，CMCC）。明确了CMCC的人员组成、职责、目的和主要工作方式。

第12章：CMR的选择。明确了CMR选择的主要原则，即只有CCMR能完全被安全类的MRB任务覆盖或者被已批准的飞机飞行手册程序覆盖，才可以不作为CMR，否则必须作为CMR。

第13章：CMR的记录和处理。明确要求CMR数据应列在单独的文件中，并在型号合格证数据单中引用。以这种方法，审定过程中对CMR的更改就不需要修订型号合格证数据单。最新的CMR版本应由飞机审定办公室（Aircraft Certification Office，ACO）批准的页面日志控制。同时明确了CMR在功能上是属于适航限制，并建议包含在飞机的适航限制部分。

第14章：取证后的CMR改动。明确要求取证后CMR的任何变动需要经过CMCC审查并得到ACO批准。

2.4.3　主要内容解读

本咨询通告主要介绍了审定维修要求相关的概念和定义,明确了确定 CCMR 的主要方法和原则,以及 CCMR 与 MRBR 任务在审定维修协调委员会机制下协调的过程。本书 9.1 节详细介绍了民用飞机审定维修要求制定相关的内容,可以参照阅读。

2.5　航空器的持续适航文件(AC‑91‑11‑R2)

2.5.1　背景及适用性

管理当局在不同的规章中分别提出了持续适航文件要求,这些要求反映了基于该规章对相关证照申请人或持有人持续适航文件的需求,除 CCAR‑25‑R4(参见"附录 H")对持续适航文件要求有较为详细的描述外,其他的规章对持续适航文件要求的描述基本上是较为宏观的,相关证照申请人或持有人开展具体的持续适航文件工作时,仍缺乏必要的信息(局方评审要求与评审政策、评审流程、关键交付物的具体要求等)。因此局方有必要明确具体要求,为相关证照申请人或持有人的持续适航文件工作提供指导[1]。

本文件基于相关民航规章(CCAR‑21‑R4、CCAR‑25‑R4、CCAR‑33‑R2、CCAR‑91‑R3 等)进一步明确了持续适航文件具体要求,为相关证照申请人或持有人持续适航文件工作提供指导。

2.5.2　章节介绍

1. 依据和目的
2. 适用范围
3. 撤销
4. 说明
5. 对航空器制造厂家的基本要求
提出了航空器制造厂家持续适航文件基本责任、交付要求及专用性要求。
6. 持续适航文件的范围及分类
说明了持续适航文件的范围及其分类方法。
7. 持续适航文件的格式和语言要求
提出持续适航文件编制格式要求、语言要求及引用要求。
8. 持续适航文件的内容规范
分别提出了维修要求、维修程序、机载设备和零部件维修程序和构型控制文件要求。

9. 持续适航文件的编制、分发和修订管理

分别提出了编制要求、分发控制要求及修订要求,以及持续适航文件管理规范要求。

10. 局方对持续适航文件的认可

提出局方认可持续适航文件的条件。

11. 对其他设计更改的要求

提出除航空器制造厂家外,其他设计更改持有人实施设计更改时,应关注对持续适航文件的影响。

2.5.3　主要内容解读

AC‐91‐11‐R2 实际上是对 CCAR‐25‐R4 附录 H"持续适航文件"的细化,对航空器持续适航文件提出了具体而微的要求,具体如下。

（1）基本要求。包括编制责任、时间要求、名词术语要求、构型控制要求、语言要求、编制格式要求、引用要求等。

（2）持续适航文件的范围和分类。

—— 航空器使用、维修及其他保持航空器持续适航的限制、要求、方法、程序和信息。

—— 航空器所安装的发动机、螺旋桨、机载设备与航空器接口的信息。

—— 航空器机载设备和零部件的维修方法、程序和标准(可以直接使用机载设备和零部件制造厂家编制的单独手册)。

注:还可以分为维修要求、维修程序、机载设备和零部件维修程序和构型控制文件。

（3）持续适航文件的内容规范。关于维修要求、维修程序、机载设备和零部件维修程序、构型控制文件的编写原则、源头文件要求、内容要求等。

（4）持续适航文件的编制及分发。

—— 初始编制应基于合适的源头文件。

—— 应采用相应的行业编写规范。

—— 应实施必要的设计审核。

—— 持续适航文件应经过必要的验证。

—— 持续适航文件分发应明确分发介质、途径,应确保分发对象及时获取最新版本的持续适航文件。

（5）持续适航文件修订。

—— 应及时修订涉及的持续适航文件内容的 4 种情况,包括:① 存在错误或不准确的情况;② 存在缺乏内容的情况;③ 存在不可操作的情况;④ 制造厂家对航空器设计更改后。

— 应当建立有效的信息收集方式和渠道,并制定定期修订和临时修订规则。

(6) 持续适航文件管理规范。

　— 应包括编制、分发和修订等方面的规范。

　— 应明确责任部门和人员,并明确相关部门的支持和配合要求。

(7) 局方对持续适航文件的认可。

　— 建立了合适的持续适航文件管理规范。

　— 有记录表明持续适航文件的编制、分发和修订管理符合相应的管理规范。

　— 通过抽查对持续适航文件完成了准确性、可用性和与设计的符合性的评估和验证。

　— 提供符合性报告。

(8) 对航空器设计更改的要求。设计批准持有人在申请批准时,应当同时提交其更改对持续适航文件的影响评估。

计划维修要求属于持续适航文件的一部分,因此 TC 申请人在编制、分发、修订计划维修要求,需遵循 AC‑91‑11‑R2 各方面的要求。

2.6　航空器计划维修要求的编制(AC‑91‑26‑R1)

2.6.1　概述

该文件一般用作航空器评审项目"计划维修要求"的审定基础。本文件适用于按照 CCAR‑23、25、27、29 部或等效适航标准为审定基础申请型号合格证(或认可证)的航空器 TC 申请人计划维修要求的策划、编制及修订管理[1]。

2.6.2　章节简介

1~4. 依据与目的、适用范围、撤销及说明

略。

5. 基本要求

应按照最新版本的 MSG‑3 分析方法编制计划维修要求;编制过程应有航空器运营人参与;计划维修要求应获得 MRB 批准。

6. 运输类航空器计划维修要求的编制和批准

6.1:组织维修技术委员会(Maintenance Technology Committee,MTC)①和维修

---

① 这是 CAAC 的创新。按照国际惯例,一般称为工业指导委员会(ISC)。两者的功能及组成基本相同。本书除此节使用 MTC 的名称,其余部分仍使用 ISC。

工作组(Work Group,WG)。提出组建 MTC 和 WG 要求,以及人员资格要求。

6.2:制定政策和程序手册(policy and procedure handbook,PPH)。提出 PPH 编制、修订及批准、认可要求。

6.3:初始计划维修要求的分析和批准。提出制定分析对象清单、实施 MSG-3 分析、开展 WG 及 MTC 讨论、编制建议的计划维修要求编制要求,以及最终提交期限等要求;同时提出局方批准要求。

6.4:设计更改或衍生型号计划维修要求的分析和批准。提出计划维修要求的持续改进要求、设计更改或衍生型号对计划维修要求的影响评估要求等,提出计划维修要求的修订批准要求。

6.5:计划维修任务的优化。提出使用数据收集及可靠性管理要求、维修任务优化要求。

7. 运输类航空器计划维修要求的编制和批准

分别提出组建维修任务分析工作组、制定维修任务分析流程规范、初始计划维修要求的分析和认可、设计更改或衍生型号计划维修要求的分析和批准、计划维修任务的优化等要求。

8. 政策和程序手册(PPH)的要求

提出 PPH 基本要求、内容要求及修订和更新要求。

9. 计划维修要求文件的要求

提出计划维修要求文件的基本要求、内容要求。

10. 相关的国际合作流程和规范

略。

2.6.3　主要内容解读

AC-91-26-R1 是 CAAC 指导 TC 申请人开展 MRB 过程最直接、最明确的咨询通告,也是国际 MRB 政策委员会制定 IMPS 的参考文件之一。AC-91-26-R1 对开展 MRB 过程,包括 MTC、WG 的组织管理,PPH 的编制与修订等等,提出了具体要求,主要包括如下。

1) MTC 及 WG 组建要求

　　— 明确 MTC 人员组成要求及机构设置要求。MTC 设置主席一名,由用户方代表担任;设置执行主席一名,由航空器制造厂家代表担任;一般还会设置秘书长,由航空器制造厂家代表担任。MTC 相关成员由用户代表、航空器制造厂家代表及供应商代表组成。

　　— 明确 WG 人员组成要求及机构设置要求。应按照不同的专业设置 WG。WG 设置组长一名,由用户方代表担任;设置执行组长一名,由航空器制造厂家代表担任。WG 相关成员由专业维修专家组成。

　　—局方参与 MTC 及 WG 相关活动。监督其活动符合相关规程要求。

2）政策和程序手册（PPH）

　　—明确航空器制造厂家 PPH 的内容要求、修订要求。

　　—明确 PPH 必须得到 MTC 批准和 MRB 认可。

3）计划维修要求一般工作流程

　　—航空器制造厂家组建 MTC 和 WG，制定 PPH 并获得 MTC 的批准和 MRB 的认可。

　　—航空器制造厂家确定分析对象清单，包括重要维修项目（maintenance significant item，MSI）、重要结构项目（structure significant item，SSI）、重要闪电/高强辐射场项目（L/HIRF significant item，LHSI）、区域等。

　　—航空器制造厂家按照 PPH 完成 MSG - 3 分析。

　　—WG 讨论 MSG - 3 分析结果，形成结论或意见提交 MTC 讨论。

　　—MTC 讨论 MSG - 3 分析结论或意见，修正 PPH 或分析对象存在问题[①]。

　　—航空器制造厂家完成所有 MSG - 3 分析后，完成建议的计划维修要求，并至少在首架航空器交付前 90 天提交 MRB。

　　—MRB 讨论并确认计划维修要求，MRB 主席签署批准后[②]，向民航局飞行标准司主管部门提出颁发相应批准结论的建议。

　　—民航局飞行标准司主管部门根据 MRB 主席建议，在航空器评审报告中颁发计划维修要求批准结论。

4）运输类航空器计划维修要求编制

　　—按照后文要求，航空器制造厂家应组建由局方、航空器运营人及航空器制造厂家、供应商参与的维修技术委员会（MTC）及专业工作组（WG），参与计划维修要求的编制。按照计划维修要求编制流程，航空器制造厂家完成相关维修任务的分析后，需将分析结果按照专业分别提交给相应的 WG 讨论，经由 WG 初步认可的结果再提交 MTC 认可，最终由 MTC 提交维修审查委员会讨论确认，并由 MRB 主席签署批准。

5）非运输类航空器计划维修要求编制

　　—对于非运输类航空器，MTC 和 WG 可以不参与计划维修要求的编制，但是航空器制造厂家应在航空器交付运营后，按照航空器运营人反馈的使用信息改进/持续改进计划维修要求，使之符合要求。

---

①　MRB 派出代表参加 WG 和 MTC 会议，并确认 WG 和 MTC 的讨论符合 PPH 的规定。

②　批准计划维修要求文件前，MRB 应当确认持续适航文件中包含对应的维修程序，并经过必要的验证。

— 除通勤类航空器的计划维修要求应获得 MRB 批准外,其他类型的非运输类航空器的计划维修要求仅需获得局方认可。

— 尽管局方没有要求通勤类航空器的计划维修要求编制过程需要航空器运营人参与,但局方鼓励相关航空器制造厂家成立 MTC,并由 MTC 主导计划维修要求编制过程,以确保质量。

本书第 4 章介绍了 MRBR 制定过程及相关管理,其中 4.2 节介绍了 MRB、ISC(MTC)、WG 的组织管理要求,4.3 节介绍了 PPH 的制定与修订要求,4.6 节介绍了 WG 会议、ISC(MTC)会议的组织管理要求,可供 TC 申请人解读 AC‐91‐26‐R1 及实施 MRB 过程时参考。

值得一提的是,AC‐91‐26‐R1 中的计划维修要求仅指 MRBR 这部分,与本书所要讨论的计划维修要求相比,在范围上要小,因为本书讨论的计划维修要求还包括审定维修要求和适航限制项目。请读者注意分别。

2.7　维修审查委员会和维修审查委员会报告(AC‐121/135‐67)

2.7.1　概述

该咨询通告目的是为制定、批准和使用民用航空器的初始最低计划维修和检查要求,即维修审查委员会报告(MRBR)提供指导。

2.7.2　章节简介

第 1 章:依据和目的。为 MRBR 的制定提供指导。

第 2 章:适用范围。略。

第 3 章:撤销。略。

第 4 章:说明。介绍了 MRBR 的主要内容和制定方法。

第 5 章:术语和定义。介绍了 MRBR 制定过程中使用到的术语和定义。

第 6 章:维修审查委员会报告。提出了 MRBR 的基本要求、初始 MRBR 制定、修订及分发要求等。

第 7 章:维修审查委员会。提出了维修审查委员会组织原则及职责。

第 8 章:工业指导委员会。明确了工业指导委员会的组成和主要职责。

第 9 章:工作组。明确了工作组的组成和主要职责。

第 10 章:制造人的主要职责。明确了 TC 申请人的主要职责,包括提供培训、组织参见 ISC/WG 会议等。

第 11 章:政策和程序手册(PPH)。明确了 PPH 的使用原则,对 PPH 的主要内容、PPH 的制定、修订和分发流程均提出了具体要求。

第 12 章: 附录清单。略。

2.7.3　主要内容解读

该咨询通告主要围绕维修审查委员会组织、实施和维修审查委员会报告的制定,提供具体指导意见。相关内容与本书 2.6 节"航空器计划维修要求的编制(AC－91－26－R1)"有着密切的联系,可参照阅读。

2.8　航空器制造厂家运行支持体系建设规范(MD－FS－AEG006)

2.8.1　概述

本规范的目的是为 TC 申请人建立运行支持体系提供具体的指导,保证其所研制的航空器在投入运行后能得到有效的运行支持[1]。

2.8.2　章节简介

1~4. 依据与目的、适用范围、撤销及说明

略。

5. 运行支持体系

明确了建立运行支持体系的主体责任以及运行支持体系的主要工作内容。

6. 组织机构和职责

明确了 TC 申请人各部门在运行支持体系中的职责。

7. 运行支持体系的关键人员

对运行支持体系中的关键人员,包括飞行技术人员、维修工程师等,提出了专职和专业要求。

8. 运行支持的具体任务

明确了运行支持的工作范围,包括运行符合性设计、人员训练、运行支持、维修支持等。

9. 运行支持工作流程规范

明确要求 TC 申请人需要建立工作流程,以在航空器研制各个阶段,协调运行支持工作涉及的各部门。

10. 运行支持工作的监督和审核

明确要求 TC 申请人还应当建立相对独立的内部监督和审核机制,以监督航空器型号研制各阶段运行支持工作进展的协调性和信息传递的及时性,并对发现的问题及时提出改正。

11. 运行支持管理手册

明确要求 TC 申请人应当以管理手册的形式正式规定本单位的运行支持体系，并满足本文件规定的各项要求，以实现规范化管理。

附录 1. 建议的运行支持工作流程。给出了建议的运行支持工作流程，包括飞行训练大纲编制流程、维修训练大纲编制流程、乘务训练大纲编制流程、MMEL 编制流程、维修大纲编制流程等。

附录 2. 运行支持管理手册样例。

2.8.3 相关内容解读

《航空器制造厂家运行支持体系建设规范》的附录 1 中给出了建议的维修大纲编制流程图，如图 2.1 所示。图中根据飞机研制阶段，从立项、初步设计、详细设计、试飞，最终到交付运营，给出了各阶段对应的维修大纲编制工作。本书 4.7 节同样按照飞机研制阶段，介绍了典型的 MRB 过程的组织与实施，可供参考。

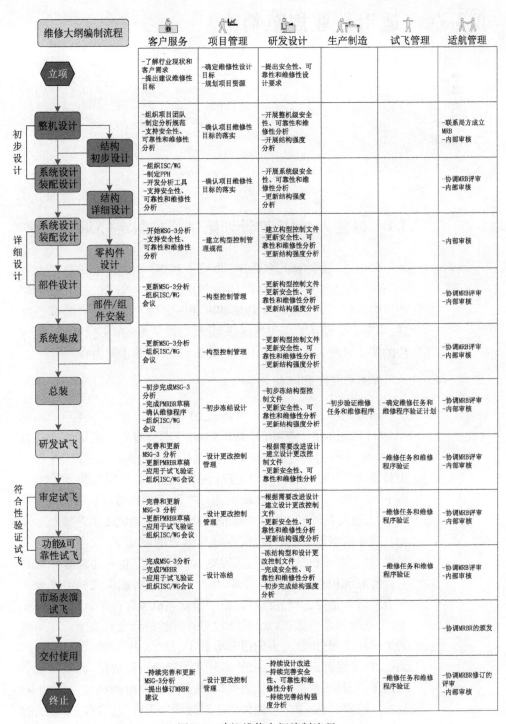

图 2.1　建议维修大纲编制流程

第3章 适用行业规范简介

3.1 运营人/制造商计划维修要求制定(MSG-3)

MSG-3文件是大多数TC申请人制定"初始计划维修检查要求"依据的规范性文件,自其1980年正式被提出至今,已有40余年的发展历程。为了更好地理解MSG-3方法及其所代表的维修思想,本节将介绍从早期飞机维修思想,以及从MSG-1到MSG-3方法的演变过程和最新的2018版MSG-3文件的主要内容。

3.1.1 早期维修思想

1903年12月17日,莱特兄弟——奥维尔·莱特(Orville Wright)和威尔伯·莱特(Wilbur Wright)驾驶有史以来第一架动力飞机——飞行者一号(Flyer I)升空,如图3.1所示,揭开了人类航空史新篇章。1909年7月25日,法国人路易·布莱里奥(Louis Blériot)驾驶自行设计的单翼飞机飞越了英吉利海峡,1910年3月28日法国人亨利·法布尔(Henri Fabre)又成功试飞了首架水上飞机。第一次世界大战爆发后,在战争需求的驱动下,航空业得到了极大的发展,飞机变得更大,飞得更远,商业航空也开始崭露头角。

随着飞机应用的日益增多,如何维护飞机,确保飞机的安全运行也就成为重要的研究课题。由于早期飞机设计简单,设备冗余度不足,系统可靠性低,因此,设备故障常常威胁到飞行安全。在飞机的维护和使用过程中,人们逐渐形成了一种认识:飞机设备要持续运行,持续运行必然会有损耗,损耗多了就会引起故障,而故障就会危及飞行安全,并进一步认为损耗、故障都是与时间相关的,为了避免发生故障,就必须尽可能频繁地定时维修飞机[2]。这就是传统的单一定时(hard time,HT)维修思想,其要点包括:

图 3.1　飞行者一号的首次飞行,奥维尔担任驾驶员,威尔伯在翼尖处跟跑

（1）故障的发生与时间相关;

（2）单一设备的故障可能直接影响安全;

（3）多维修可以预防故障;

（4）单一定时翻修或者报废设备,可以预防故障。

最早的单一定时维修要求出自美国 1930 年 5 月 15 日发布的航空通告 7E 第 5 章。该通告要求:"必须以固定的时间间隔……对飞机、发动机、仪表和设备进行检查、维修和大修"。在通告颁布后,单一定时维修思想一直延续了 30 多年,对早期飞机如道格拉斯 DC - 3 等的飞行安全与维护保养起到了重要作用。尽管此后航空公司在实际运作中也增加了视情维修(on condition,OC)和状态监控维修(condition monitor,CM)任务,但总体来说仍然是以定时翻修为主[2]。

3.1.2　MSG - 1 方法

随着技术的发展,飞机的设计越来越复杂,安装的设备越来越多。单一定时维修的弊端越来越明显:大量地定时翻修,挤占了飞机运营的时间,造成飞机利用率很低;翻修造成很大的浪费,大多数设备在翻修时实际上仍能正常工作;并不是所有的设备故障都是与时间相关的,对这些设备进行翻修并不会提高设备的可靠性,反而可能引入新的故障,并容易造成维修差错。

为了解决发动机执行单一定时维修仍然无法控制故障率的问题,1960 年,美国联邦航空局(FAA)联合航空公司组成了调查组,调查定时维修的有效性问题。调查组深入研究后发现:可靠性与定时翻修的时间间隔并没有直接必然联系。这一发现改变了人们一直以来认为的通过控制翻修周期就可以达到满意的可靠性的认识,极大地削弱了早期维修思想和单一定时维修的理论基础和实践基础。这一次的调查结果还表明必须将可靠性和维修工作结合起来考虑[2]。FAA 于 1964 年

12 月发布咨询通告 AC－120－17 *Maintenance Control by Reliability Methods*,指导航空公司按照可靠性方法来对维修工作进行管理。

与此同时,飞机的设计也发生了很大的变化,为了降低失效或者故障对安全性的影响,飞机结构采用了破损安全设计,系统则采用冗余设计,避免了结构失效和系统故障对安全性的直接影响,使得可靠性与安全性逐渐分离。这些变化也促进了维修思想的转变,从而为新的维修理论的产生奠定了基础。

1968 年 7 月,美国几家航空公司的代表组织了一个维修指导小组(Maintenance Steering Group,MSG),制定并正式发布了名为"Handbook: Maintenance Evaluation and Planning Development: Maintenance Steering Group (MSG－1)"(简称"MSG－1")的手册,用于制定波音 747 飞机的维修大纲。就这样 MSG－1 方法就成为使用逻辑分析和决断方法制定维修大纲的第一次尝试,而波音 747 飞机也就成为第一个应用该方法的新机型。据报告,使用传统单一定时翻修方法的 DC－8 飞机,每 2 万飞行小时,飞机结构维修所需人工时为 400 万人时,而比 DC－8 更大的波音 747 飞机应用 MSG－1 方法后,只需要 6.6 万人时[3,4]。

3.1.3　MSG－2 方法

MSG－1 方法体现了航空公司在减少维修成本、改善飞行安全方面的强烈需求,其所取得的巨大成功不能仅属于波音 747 飞机。于是,美国几家航空公司和制造厂的代表又组织了新的维修指导小组,并于 1970 年正式发布了"Airline/Manufacturer Maintenance Program Planning Document,MSG－2"(简称"MSG－2")的文件。MSG－2 是在 MSG－1 的基础上,根据在波音 747 飞机上取得的经验,修订了部分逻辑决断法,删去了只适用于波音 747 飞机的那部分内容,使其能适用于别的飞机机型[2]。

本质上,MSG－2 是制定满足安全性要求和经济性要求的飞机计划维修任务的一种结构化的、成体系的逻辑决断过程。MSG－2 更依赖于逻辑以及支撑逻辑判断的可靠性数据,而不是维修人员的经验,来判断维护飞机需要哪些任务以及何时需要这些任务。

MSG－2 分析首先需要识别出所有重要维修部件,以及这些部件的功能、故障模式、故障后果和故障概率。一旦这些要素确定之后,就可以制定出潜在的能有效改善部件固有可靠性或者发现部件可靠性退化的维修任务。最后从安全性、运行性能、经济性等几个方面对潜在的维修任务进行评估并得出最终的维修任务清单。

典型的 MSG－2 逻辑树如图 3.2 所示,通过问题-回答来判断需要何种计划维修任务。

问题 1:询问故障模式是否对安全性有不利影响。回答"是",则需要制定计划维修任务,如没有合适的任务,则需要重新设计;回答"否",则继续回答下一个

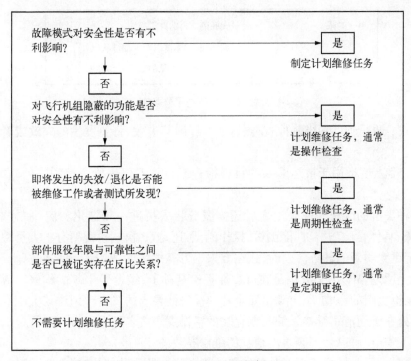

图 3.2　MSG - 2 逻辑树

问题。

　　问题 2：询问对飞行机组隐蔽的功能是否对安全性有不利影响。回答"是"，则需要制定计划维修任务，通常是 OPS 检查；回答"否"，则继续回答下一个问题。

　　问题 3：询问即将发生的失效或者退化是否能被维修工作或者测试所发现。回答"是"，则需要制定计划维修任务，通常是定期检查任务；回答"否"，则继续回答下一个问题。

　　问题 4：询问部件服役年限与可靠性之间是否已被证实存在反比关系。回答"是"，则需要制定计划维修任务，通常是定期更换任务；回答"否"，则结束，不需要制定计划维修任务。

　　前两个问题考虑的是安全性，后两个问题考虑的是经济性。简单说来，MSG - 2 逻辑树用来确定所有能做并且有效的维修任务，并将与安全相关的"必须"做的任务和与经济相关的"应该"做的任务分开。

　　上述过程之后，有三种类型的维修任务可以选择，如图 3.3 所示。

　　单一时限：类似于单一定时翻修的传统维护概念。部件的可靠性可以根据服役时间和退化之间的关系进行预测，需要在部件发生故障之前的某个时间点，对其进行更换。

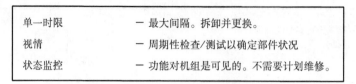

单一时限	— 最大间隔。拆卸并更换。
视情	— 周期性检查/测试以确定部件状况
状态监控	— 功能对机组是可见的。不需要计划维修。

图 3.3　失效探测与维修类别

视情：适用于计划维修检查/测试能够探测其失效、将要发生的失效或者退化的部件。

状态监控：适用于被运营人的目视检查或者仪器仪表所监控的部件，它们不需要计划维修。

三种类型的维修任务确定之后还需要分析人员进一步细化。例如，对于"视情"任务，具体是做功能/性能测试、操作测试，还是系统校验，需要分析人员根据经验，制定更为明确的任务。同时，还需要根据可靠性数据，确定任务的间隔。

综上所述，MSG－2方法是在可靠性理论基础上，结合数十年的维修实践和经验，以逻辑决断的形式，制定满足安全性和经济性要求的飞机计划维修大纲。它的成功之处在于厘清了维修领域长期存在的错误观念或者理念，包括如下。

（1）安全/可靠性问题是由糟糕的维修导致的。

事实上，某些糟糕或不充分的维修的确可能会导致设备故障，但是，相比维修，设计更为重要。如果设计本质上不可靠，再多的维护也不能解决问题。维修最多只能使设备保持在设计的固有可靠性水平。

（2）维修越多越好。

事实上，任何维修活动都会带来潜在的部件抵抗失效能力的降低，而不是增加，即部件可能不是用坏的，而是修坏的。减少不必要的维修反而会增加部件的运行可靠性。因此，每一项维修任务都需要仔细评估，确保其益处大于害处。

（3）设备会磨损。

事实上，的确有不少单一部件，如轮胎、刹车片会磨损，并有类似图3.4所示浴

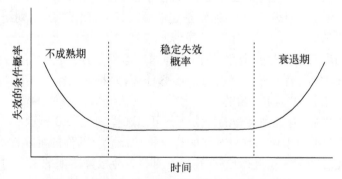

图 3.4　设备/部件寿命与可靠性相关的浴盆曲线

盆曲线那样的部件寿命与可靠性之间的关系,但是对于包含很多单独部件的复杂系统,例如导航系统、液压系统等,它们并不会磨损,只要系统内的部件能够被修理或者按需更换。

MSG-2 正式发布之后,经 FAA 推荐,成为新型号飞机制定维修大纲和原有型号飞机修订维修大纲的指导性文件,同时,ATA 也将其作为行业规范。因此,MSG-2 很快便在航空制造与维修领域得到了广泛应用。此外,欧洲国家在 MSG-2 的基础上进行了适当修改,在 1972 年推出了 EMSG-2,用于空客 A300、"协和"号等飞机的初始计划维修大纲的制定。

MSG-2 的应用取得了巨大的经济效益。洛克希德 L-1011、道格拉斯 DC-10 等新型号飞机,波音 707、727、737 以及道格拉斯 DC-8、DC-9 等原有型号飞机都先后应用了 MSG-2 分析方法[2]。各型飞机应用 MSG-1/MSG-2 前后,单一定时翻修任务对比如图 3.5 所示。从图 3.5 中可以看出单一定时翻修任务占总任务数量的比例大幅度下降。波音 707 飞机,原来 99% 的计划维修任务是单一定时翻修,在应用 MSG-2 后,单一定时翻修的比例下降到 40%,每飞行小时的维修费用也由 1963 年的 56 美元减少为 1973 年的 40 美元。根据不同文献的统计口径,应用 MSG-2 方法后,能节省 30%~40% 左右飞机维修成本。

	单一定时		视情/状态监控	
	之前	之后	之前	之后
707	99	40	1	60
727	55.5	40	44.5	60
737	53	29	47	71
747		0.3		99.7
DC-10		2		98
L1011		2		98

图 3.5　各机型应用 MSG-1/MSG-2 前后,各维修任务类型所占百分比

3.1.4　MSG-3 方法

1979 年,ATA 组织了专家工作组对 MSG-2 进行了评审,发现 MSG-2 方法存在以下几方面的不足[5,6]。

(1) MSG-2 没有专门针对结构的决断逻辑。尽管 MSG-2 分析涵盖了飞机结构,但基本沿用了飞机系统的决断逻辑,并没有专门针对结构的逻辑决断图。而在 MSG-2 出现及应用之后的一段时间内,发生了两起与结构相关的重大事故。1976 年,英国按照破损安全设计的 HS748 运输机机翼折断,一年以后,同样按照破损安全设计的波音 707 飞机的水平安定面后梁断裂。在对上述事故进行研究之

后,1978 年,FAA 颁发了 FAR25 部的第 45 号修正案,将飞机结构的损伤容限 (damage tolerance)设计正式列入飞机型号审定要求,修改了 FAR 25.571 条款。而 MSG - 2 并没有考虑这部分要求。

（2）MSG - 2 没有对隐蔽失效给予足够的重视。随着电子部件以及冗余/备份 设计越来越多地用于飞机设计,隐蔽失效出现的概率也随之增加,如果没有及时发 现,就可能与其他失效结合,从而造成更加严重的后果。因此,隐蔽失效必须得到 充分的重视。

（3）MSG - 2 产生任务的逻辑不够严谨。MSG - 2 分析最终得出的是单一时 限、视情维修和状态监控 3 种维修方式,并不是具体的维修任务。例如,分析结果 为视情维修时,具体的维修任务是一般目视检查、操作检查还是功能检查,MSG - 2 并没有给出清晰严谨的判断逻辑。因而,分析人员在决定做什么样的维修任务时 有比较大的自由,但另一方面,也常会导致不同的分析人员可能制定出不同的维修 任务。

专家工作组因此提出需要结合规章要求和行业发展趋势,对 MSG - 2 进行修 订。后来,在来自 FAA、美国和其他国家的航空公司、美国和欧洲的飞机/发动机制 造厂,以及美国航空工程师协会和美国海军等各方代表的共同努力下,在 MSG - 2 的架构之上,提出了 MSG - 3 方法,并于 1980 年 9 月 30 日,由 ATA 以 *Operator/ Manufacturer Scheduled Maintenance* 的名称正式发布。在正式发布之后,MSG - 3 又 进行了多次修订。1988 年进行了第一次修订,发布了 MSG - 3 R1 版;1993 年进行 了第二次修订,发布了 MSG - 3 R2 版。适航当局也规定,在制定新飞机的维修大 纲时,必须使用最新的 MSG - 3 文件,从而确立了 MSG - 3 在民航界的权威地位[7]。

MSG - 3 和 MSG - 1/MSG - 2 一样,也是由所谓的维修指导小组(Maintenance Steering Group,MSG)制定的。起初,维修指导小组成员都是临时召集。随着技术 的发展,规章的完善,MSG - 3 文件也需要不间断地修订更新,成立一个专门的机构 就显得越来越必要。于是在 1994 年,由欧洲 JAA(现 EASA)、加拿大 TCCA、美国 FAA 联合创立了国际 MRB 政策委员会(International MRB Policy Board,IMRBPB), 负责制定 MRB 相关的政策和程序、定期组织研讨会、更新维护 MSG - 3 文件。同 时在 IMRBPB 的框架下,设置了 MPIG(Maintenance Programs Industry Group),由 ATA(现在的 Airlines for America,A4A)、其他国家的一些航空公司、各国航空器制 造厂家组成,参与相关政策和程序的制定工作。

IMRBPB 成立后,MSG - 3 文件的修订逐步走上正轨。通常,由 MPIG 成员,收 集行业内与 MSG - 3 方法相关的议题。这些议题可以是关于 MSG - 3 文本的,也可 以是关于新技术出现导致需要修订 MSG - 3 文件的,还可以是关于规章对 MSG - 3 影响的。这些方方面面的议题,由 MPIG 成员代表,以 CIP(candidate issue paper) 的形式,提出相应的意见或者见解。MPIG 会定期组织会议来讨论这些 CIP,如果一份 CIP 被认可通过,则会成为正式的 IP,并提交给 IMRBPB。IMRBPB 同样会组织定期的会议来讨论这些 IP。一旦一份 IP 在 IMRBPB 会议上达成共识之后,就会按照达成的共识来按需修订 MSG－3 文件。MPIG 会议是由工业界主导的,以来自 TC 申请人如波音、行业协会如 A4A、航空公司如全日空航空公司的代表为主,目的是充分利用行业内经验。IMRBPB 会议是成员局方主导的,目的是充分利用局方在规章和监管方面的经验。当然,IMRBPB 的局方代表会出席 MPIG 会议,MPIG 的代表也会出席 IMRBPB 会议。IMRBPB 和 MPIG 各有分工、共同合作,推动 MSG－3 不断向前发展。因此,MSG－3 文件是全行业经验与智慧的结晶。

自 1995 年以来,IMRBPB 一共已发布 198 份 IP。这些 IP 涉及的内容非常广泛,全面体现了 MSG－3 方法的发展历程,推动 MSG－3 文件进行了 11 次改版。为了全面了解 MSG－3 方法的历史与演变过程,本书对这些 IP 进行了详细解读,见附录 2。目前最新的 MSG－3 文件为 2018 版,包含卷 1、卷 2 两卷,卷 1 适用于固定翼飞机,卷 2 适用于旋翼飞机。

3.1.5　2018 版 MSG－3 文件介绍

第 1 章:概述。本章给出了 MSG－3 文件的目的、范围、组织和职责等规范要素。

第 2－1 章:关于计划维修的概述。本章指出了计划维修的目的、内容和方法的概念性介绍。

第 2－2 章:MSG－3 文件的划分。本章说明了 MSG－3 由飞机系统动力装置分析程序、飞机结构分析程序、区域分析大纲、闪电高强度辐射场分析程序四个部分组成,每一个部分都包含有各自的分析内容和相应的逻辑决断图及程序,同时又有一定的相互关联性。

第 2－3 章:飞机系统动力装置分析程序。本章阐述了针对每一个系统进行章节划分,确定重要维修项目。实施 MSI 的功能故障分析以及 MSG－3 分析。关于本章的详细介绍请参见本书第 5 章。

第 2－4 章:飞机结构分析程序。本章结构分析的目标是在满足经济性要求的条件下保持飞机使用全寿命的适航性要求,进而建立预防、控制腐蚀的最小维修程序。关于本章的详细介绍请参见本书第 6 章。

第 2－5 章:区域分析大纲。本章通过对飞机每个区域的重要性、环境和状况的分析,制订出该区域的检查项目和周期,即区域检查要求。关于本章的详细介绍请参见本书第 7 章。

第 2－6 章:闪电高强度辐射场分析程序。本章说明了 L/HIRF 的保护要求,对于飞机暴露在闪电/高强度辐射场中时,通过冗余 L/HIRF 防护系统来减小单一故障(如雷击)的概率,和普通故障(ED/AD)发生的概率,以满足有关适航方面的要求和飞机电子/电气系统使用的要求。关于本章的详细介绍请参见本书第 8 章。

3.2 国际 MRB/MTB 过程标准(IMPS)

3.2.1 概述

国际 MRB 政策委员会(International MRB Policy Board,IMRBPB)发现各国/地区的 TC 申请人开展 MSG‑3 分析工作时,在组织管理、协调沟通等多方面存在很大的差异,于是在 2016 年发布了国际 MRB 过程标准(International MRB/MTB Process Standard,IMPS)初始 00 版,并在 2019 年发布了 01 版,试图规范 MSG‑3 分析的实施过程。简单说来,MSG‑3 文件侧重于技术,而 IMPS 更侧重于管理。本章基于 01 版 IMPS,对 IMPS 及相关问题作概要阐述。IMPS 封面及成员局方签署页如图 3.6 所示。

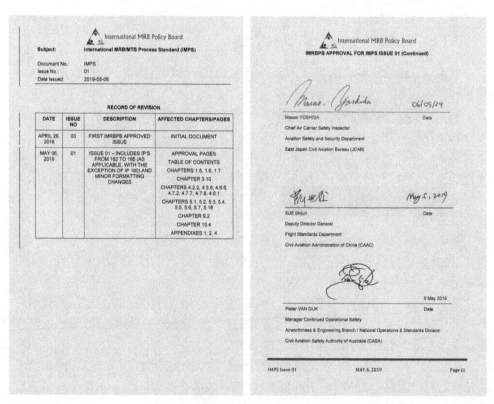

图 3.6 IMPS 封面及成员局方签署页

IMPS 是 MRB 过程各个流程和步骤的指导文件,主要用来标准化计划维修要求的制定。IMRBPB 希望成员局方采用或参考 IMPS,作为其开展 MRB 工作时所需框架文件的一部分,并确定他们各自的国家标准。一个国家或者地区的审定局方,如果采用 IMPS 作为其开展 MRB 工作的基础标准,则其依据 MRB 过程制定的 MRB 报告(MRBR),更容易被其他审定局方接受。

IMPS 的初始版本基于以下指导文件制定:

(1) FAA Advisory Circular (AC) 121-22C;

(2) EASA Document WI.CSERV.00007.002;

(3) TCCA Publication (TP) 13850;

(4) CAAC AC-91-26;

(5) JCAB Circular 1-317;

(6) HKAR-1 1.5-2。

通常来说,IMPS 由 IMRBPB 每三年修订一次。IMRBPB 将确定所有影响 IMPS 的 IP。这些 IP 将在每三年一次的修订中被整合进最新的 IMPS,以反映 IMRBPB 的立场。当然,这些 IP 也可在 IMPB 修订周期之间被成员局方采用。

IMRBPB 由签署 IMRBP 章程的各管理当局成员组成。IMRBPB 制定、维护并评估不断发展的政策、程序和指导原则,供参与 MRB 过程或者 MTB 过程的人员使用,从而协同世界范围内不同管理当局的 MRB/MTB 过程,推动 MRB/MTB 政策和程序的标准化。

IMRBPB 每年召集一次,工业界/管理当局的讨论是每年会议的一部分,讨论关于 MRB/MTB 所有活动的国内、国际政策以及 MSG-3 方法的制定。IMRBPB 维护 IP 清单及相关文件,如会议记录、行动项列表、支持文件以及相关的 IMRBPB 政策决策。IMRBPB 只专注于 MRB 过程和 MSG-3 的应用。

3.2.2 IMPS 总体要求

TC 申请人在依据 IMPS,开展 MRB 工作时,需要遵循以下几方面要求。

1) 适用性要求

MRB 过程适用于:

(1) 最大质量大于等于 33 000 lb 的运输类飞机(适用 MSG-3 卷 1);

(2) 审定载员大于等于 10 名乘客或最大质量超过 20 000 lb 的运输类直升机(适用 MSG-3 卷 2);

(3) 动力增升飞机(适用 MSG-3 卷 2)。

2) MSG-3 文件版本要求

TC 申请时有效的 MSG-3 版本是新型号飞机制定 MRBR 的最低标准。

当使用 MRB 过程对作为补充 TC 一部分的设计更改制定计划维修任务时,申请人必须对发生设计更改的系统和结构使用补充 TC 申请时有效(或更新)的 MSG-3 分析版本。如果不能遵循上述要求,则必须进行评估,TC 申请人和审定局方须达成一致,并在 PPH 中予以记录,以避免造成 MRBR 内部不可接受的不一致性。

当使用 MRB 过程来对不作为补充 TC 一部分的设计更改制定计划维修任务时,申请人必须使用初始制定时 PPH 中声明的 MSG‑3 版本。如果不能就此达成共识,则需要对 PPH 进行修订,明确 TC 申请人和 CA 同意使用的 MSG‑3 分析版本。

3) IP 采用要求

当 IMRBPB IP 达成共识,成为"Active",即可在 MRB/MTB program 使用(但不作要求)。在使用之前,应修订 PPH,且各方须达成一致。

一旦 IP 被采用进 PPH,该 IP 就会被 IMRBPB 列入"Incorporated"清单,该 IP 的内容能被持续使用,直到该项目采用影响该 IP 的新版文件(在这种情况下,新版文件覆盖该 IP)。

如果一个 IP 被 IMRBPB 列为"Archived",MRB/MTB 项目需要在 PPH 下一次修订时,从 PPH 中删除该 IP 内容。但基于这些 IP 的分析报告将不会被重新打开。

4) 完整性要求

MSG‑3 分析必须用于完整的审定飞机,包括发动机和螺旋桨。动力装置的制造商通常会单独取证,因而会被要求开展单独的动力装置 MSG‑3 分析。但 TC 申请人不能以动力装置制造商已开展相应分析,而不再从全机层面来开展动力装置的 MSG‑3 分析。

5) 分析过程的记录要求

飞机 TC 持有人制定的 MRBR 必须记录、保存 MSG‑3 分析结果,使得审定局方(certifying authority,CA)或者认可局方(validating authority,VA)能够审查完整的初始分析,以及之后用于制定或补充 MRBR 的分析。

6) 分析结果的验证要求

飞机 TC 持有人有责任制定验证编写的 MRBR 任务维修程序的方法。验证的目的是确保维修程序能执行并符合 MRBR 任务的目的。验证的结果必须在需要时,能提交给 CA 或者 VA。如果任务验证发现不能满足 MRBR 任务的目的,则必须向 ISC 反馈。ISC 需要审查分析中可能存在的错误,并按需修改。

3.2.3　章节简介

第 1 章:目的与背景。本文件主要是用于指导 MRB 过程和 MTB 过程中各个流程和步骤。

第 2 章:IMRBPB 总体过程。介绍了 IMRBPB 作用、组成及文件。

第 3 章:总体应用流程。明确了 MRB 过程和 MTB 过程各自适用范围,以及 IP 采用政策等。

第 4 章：MRB 过程规范。介绍了 MRB 的组织规则、TC 申请人组织规则、ISC/WG 组织规则以及 PPH、MRBR 编制的规则等。

第 5 章：MRBR 内容与格式。对 MRBR 的内容和格式作了明确要求。

第 6 章：MRB 过程规范。介绍了 MTB 的要求以及与 MRB 过程的差异。

第 7 章：MRBR/MTBR 使用考虑。主要是明确了 TC 申请人单独制定的维修措施，如低利用率维修大纲不属于 MRB/MTB 过程。

第 8 章：任务间隔的迭代与优化。主要是明确了任务间隔优化需要考虑的因素以及实施流程。

第 9 章：定期审查。介绍了 MRBR/MTBR 定期审查相关的输入数据和管理要求。

第 10 章：与其他管理当局的协调。主要介绍在 MRB 过程中，TC 申请人所在国管理当局如何与其他国家管理当局沟通与协调的一般性原则。

3.2.4　主要内容

3.2.4.1　MRB 组织规则

MRBR 是由包括 TC 申请人、CA、航空公司以及其他相关管理当局共同参与制定的。MRB 过程包含许多专家工作小组（working group，WG），他们利用 MSG - 3 逻辑，为特定型号飞机制定并推荐维修检查任务。推荐的任务将提交给 ISC，由 ISC 考虑 WG 的建议，并准备 MRBR 的报批稿。MRBR 报批稿将由 MRB 审查并被 MRB 主席批准。MRBR 报批稿将以 MRBR 的形式正式发布。

TC 申请人需要告知审定局方其制定 MRBR 报批稿的意图。相应地，审定局方将委派一名合格的人员作为 MRB 主席，替审定局方管理 MRB 过程。MRB 主席选择并组织其余有经验并且合格的 MRB 成员作为顾问参与到每个 WG。一旦 MRB 委员同意参加，则应在型号项目期间，长期参与，以保证 MRB 人员的稳定。

MRB 主席可以按需委派额外的审定局方成员作为顾问到每一个工作组。审定局方需要确保合格人员的参与，人员也可是审定分支机构或者理事会的代表。然而，这些额外的审定局方顾问通常不被认为是正式的 MRB 委员。MRB 主席将向 TC 申请人提供 MRB 委员的人员清单，包括姓名、工作单位、职务等信息，并在人员发生变化时，向 TC 申请人提供相关信息。

MRB 主席将在 CA 内部讨论并以 CIP 的形式提交到 IMRBPB，以评估 MSG - 3 以及 IMPS 可能的修改。MRB 主席需要清楚 IMRBPB 当前状态以及 CA MRB 政策相关议题，并将这些变化传递给 MRB 和 ISC，以考虑这些变化在 TC 申请人项目中应用。

MRB 主席在 PPH 以及当前规章或者政策要求的符合性方面对 MRB WG 顾问进行指导。MRB 主席将在规章要求、PPH 制定、符合性和过程管理、MSG - 3 应用以及其他相关议题等方面,向 ISC 以及每个 WG 提供信息、指导和协助。

MRB 主席负责所有与 CA 审定分支相关的事务。这可能需要编制议题报告,对审定议题报告作出反馈,并就飞机研制期间可能产生的新技术议题寻求协商。MRB 主席应确保 MRB 过程以及 MRB 过程内部活动的标准性和一致性。

MRB 主席将按需协调 MRB 活动、议题以及与 ISC 相关的事务。MRB 主席将确保 TC 申请人向所有 MRB 委员提供必要的飞机熟悉性/技术培训,包括 MSG-3培训;确保对所有 MRB 委员的培训要求已在 PPH 中声明;验证提供的培训是足够的,否则,建议 TC 申请人进行必要的补充培训。

MRB 主席在参加 ISC 会议之前,可以按需组织 MRB 会议。MRB 主席将参加所有的 ISC 会议,并就 WG 和 ISC 会议产生的任何前期开口议题发表意见。这可能需要 WG CA 顾问的协助。MRB 主席将确保合适的 MRB 委员和顾问出席 WG和 ISC 会议。

MRB 将审查之前 ISC 会议的报告以及来自 WG MRB 委员的关于开口议题或关切议题的报告,为关闭议题或者回应关切提供协助。MRB 委员将按需参加 MRB会议,审查和讨论 ISC 建议以及所有重要问题和开口议题。

3.2.4.2 MRB 与其他管理当局的协调原则

MRB 主席负有与其他管理当局协调的责任,由 MRB 主席与 TC 申请人协调,邀请其他管理当局参加 MRB,并和这些管理当局协调 MRB 事务。

VA 负责人应决定 VA 初始和持续的参与程度,并与 MRB 主席沟通他们的需求。这些需求将以确认函的形式达成一致。MRB 主席将确认函发送给每一个 VA以及参与的其他管理当局。确认函将包括已达成共识的 VA/guest 局方参与程度,CA 对 VA/guest 局方的期望,沟通程序,以及为确保 MRB 过程满足 VA 要求(如有),CA 所要承担的额外责任。MRB 主席将所有参加的其他管理当局通知给 ISC主席/联席主席。MBR 过程之前及之中,MRB 主席持续通知其他管理当局任何MRB 政策和程序的改变。

对 PPH、MRBR 及其修订版的多局方认可/批准,可以要求也可以不要求,取决于 VA 的验证要求。在编制 MRBR 报批稿之前,VA 的代表应经 MRB 主席,通知ISC 主席/联席主席任何 MSG-3 应用上的差异。当需要 VA MRBR/MTBR 及其修订版的批准时,作为联合审查的一部分,倾向于由 MRB 主席协调,CA 和 VA 同时发布批准函。

3.2.4.3 TC 申请人组织规则

TC 申请人向 CA 以及 VA(按需)申请 MRB 流程,并指定一名代表作为 ISC 的联席主席。TC 申请人应该安排其人员以及来自供应商的人员,出席每一次 ISC/WG 会议,为会议讨论的议题提供技术支持。

TC 申请人需要制定 PPH,并提供给 ISC 和 MRB。TC 申请人需要向 ISC 和

MRB 提供 WG/ISC 会议初始计划。TC 申请人在召开第一次 WG 会议之前,为所有 ISC 和 WG 委员,包括规章当局需要提供飞机技术、PPH 和 MSG - 3 的培训。如果分析和制定任务需要,TC 申请人应该安排技术支援,获取飞机,包括部件以及供应商设施相关信息。

TC 申请人需要向 ISC 提交 MSI、LHSI 和 SSI 候选项清单以及非候选项清单。相关清单应该不受某一国家要求的影响。候选项清单要得到恰当的 MSG - 3 分析的支持。建议在相应 WG 会议召开之前的 30 个日历日完成此项工作。

TC 申请人在 MRB 流程中向 ISC/MRB,包括 WG 成员,提供影响到 MSG - 3 分析的设计更改的详细信息,包括 ALI 和 CCMR 相关的变化。TC 申请人需要确保手册包含执行 MRBR 所有在位维修任务的信息和程序。

TC 申请人应该在会议记录中,记录所有 ISC 和 WG 活动及讨论,并在正式的持续更新的行动项清单或者报告,记录未关闭的行动项/议题。TC 申请人应该在 MRB 过程总结阶段,向 MRB 主席提供 MRBR 报批稿对应所有最终分析报告。

3.2.4.4 ISC 组织原则

TC 申请人将和潜在的运营人,飞机/发动机/螺旋桨(如果适用的话)供应商,以及 TC 申请人邀请的主要供应商,组成 ISC,来讨论飞机/部件的初始最低计划维修任务/间隔。来自维修机构的代表,如果得到 ISC 主席/联席主席认可,也可以参加 ISC。

ISC 主席将和 MRB 主席一起工作,通常是来自飞机或者 TC 申请人相似机型的运营人。

ISC 主席与 TC 申请人通力合作,负责指导 WG 的活动,并准备 MRBR。ISC 将审阅并批准 PPH,并将其提交给 MRB 主席审阅并批准。ISC 将遵循 PPH 中的流程。

ISC 需要确定 WG 的数量和类型,并对 WG 进行组织、管理。ISC 需要保证运营人或者维修机构出席并支持每个 WG 的数量。ISC 的目标是最低要有三家运营人和维修机构的代表。ISC 主席/联席主席应该向 MRB 主席提供 WG 数量和类型的清单,每一个成员的名字和工作单位,并在人员变化时,告知 MRB 主席。

ISC 主席/联席主席应邀请 MRB 主席参加 ISC 会议,MRB 主席邀请参会的 MRB 委员,以在规章以及政策要求方面提供支持。ISC 主席/联席主席在 MRB 主席协助下,应邀请其他 VA 代表参加 ISC 和 WG 会议。

ISC 应该审查并接受 WG 所有最终分析结果,同时将不能接受的部分连带不能接受的原因,一起退回到 WG。ISC 需要建立一个追溯体系,来追溯其对 WG 分析的评审结论,解决所有开口项。

ISC 需要审阅并接收所有 ISC 会议的会议记录,同时确立分发和追踪所有 ISC 和 WG 会议记录的方法。ISC 需要确立追溯体系来确保所有开口行动项或关注点最终得到解决。在向 MRB 主席提交 MRBR 报批稿之前,记录并解决所有开口项或提交关闭计划。在向 MRB 主席提交之前,ISC 主席需要审阅并接收 MRBR 的报批稿初稿及修订稿。

3.2.4.5　WG 组织原则

来自 TC 申请人(飞机/发动机/螺旋桨)、供应商、运营人以及维修机构的代表将作为成员,组成一个 WG,同时局方作为顾问参与。建议最低三家运营人或他们的代表来支持 WG 会议。

WG 组长由 WG 选择并由 ISC 认可。通常来说,WG 组长是营运人或者他们的代表,而不是 TC 申请人的雇员。然而,WG 主席也可是 TC 申请人的代表,取决于 TC 申请人和参加 WG 的营运人的数量。

WG 应使用最新的、被认可的 PPH 程序和 PPH 中引用的 MSG - 3 文件,为新型或衍生型号飞机/发动机制定初始最低计划维修任务/间隔需求。WG 应确保每项 WG 活动都有相应的会议记录。

MRB WG 顾问将参加 WG 会议,向 WG 成员提供指导和反馈意见,并按需知会 MRB 主席。MRB WG 顾问将确保 WG 遵循 MSG - 3 文件和 PPH 的指导。对 MSG - 3 文件和 PPH 程序的任何偏离都必须向 MRB 主席报告。

每次 WG 会议之前,WG 将按需审查 TC 申请人提供的技术数据、MSG - 3 分析以及 PPH 修订。TC 申请人应在每次会议前至少 30 个日历日提交材料,除非另外得到 ISC 和 MRB 认可。

MRB WG 顾问将审查 WG 会议记录,并在每次 WG 会议之后,最迟不晚于下一次 ISC 会议之前,向 MRB 主席提交进展工作报告。审查包含 WG 活动的评估,包括最低计划维修任务/间隔要求,注明任何争论、潜在问题,以及影响到 MSG - 3 实施的议题。

如果不参加 WG,VA 应该评审 WG 会议记录,并在不晚于下一次 ISC 会议之前向 MRB 主席提交评估、备注争议或者潜在问题。

3.2.4.6　MRB PPH 编制原则

TC 申请人有责任制定 PPH 用于以 MRBR 报批稿的形式制定初始最低计划维修/检查要求。PPH 是一份"活"的文件,在飞机整个服役期间,从初始 MRBR 制定开始,就需不断更新。

PPH 中关于各个 WG,以及与其他 WG 之间的接口(例如,区域转移、行动项、会议记录等)的章节必须完整并被 ISC 主席批准。一般说来,通常需要 30 个日历日,来完成 PPH 批准流程。

ISC 主席负责确保将 ISC 批准的 PPH 提交给 MRB 主席以及 VA(如果适用)审阅并认可。在 MRB 审查 PPH 过程中,MRB 主席将向 ISC 主席和联席主席转达审查意见。初始 PPH 必须在任一 WG 会议之前,被 MRB 主席和 VA(如果适用)批准。PPH 部分章节可以在初始批准之后得到批准,只要受影响的 WG 工作尚未开始。

在收到 PPH 之后的 30 个日历日之内,MRB 主席将向 ISC 反馈意见。当 PPH 达到可接受的状态时,MRB 主席将认可该 PPH。

PPH 将包含声明,要求 TC 申请人在计划会议日程之前 30 个日历日,向代表发放所有的 WG 数据包以及分析报告,除非 ISC、MRB 或者 WG 之间达成一致。PPH 必须包含 ISC 和 WG 组织管理的原则细节。

PPH 需要包含声明,计划维修制定过程不受一国法规的影响。即某一国某一条特定法规不应在计划维修制定过程考虑(可以在别的文件中予以体现),以确保计划维修制定过程的标准性。

PPH 的典型模板在本书附录 3 提供。该实例包含了所有 PPH 需要的元素。对于该模板内容的偏离需要由 ISC 和 TC 申请人提出,并得到 MRB 主席的批准。

3.2.4.7　MRBR 报批稿

TC 申请人准备 MRBR 报批稿并提交给 ISC 主席,以确认 MRBR 正确记录了 WG/ISC 同意的结果。ISC 认可之后,TC 申请人应在期望的批准日期之前至少 90 个日历日,将 MRBR 报批稿正式提交给 MRB 主席审阅并批准。审阅过程中,MRB 主席应尽可能早地提供 MRB 意见,以便为修订留出时间。在发出正式批准函之前,MRB 主席需要就预期的 MRBR 批准日期,协调每一个 VA,并按需以确认函的形式解决分歧。

在设计已经冻结,相关最低计划维修任务/间隔要求已经制定完毕,ISC 已经认可并发放了部分工作包之后,TC 申请人可以将工作包提交给 MRB 主席审核。但是,MRB 主席只有在收到并审查完所有工作包之后,才会批准完整的报批稿。

当 MRBR 被认可后,MRB 主席给 ISC 主席/联席主席发出批准函,并/或 MRBR 签字批准页。在 MRBR 批准页,TC 申请人可以使用 CA 的批准函或 CA 签字,但至少需要有一种出现在 MRBR 上,并能被飞机运营人获取。如果 MRBR 不可接受,MRB 主席将 MRBR 退回给 ISC 主席/联席主席修订并重新提交。以 CA 认可的方式,发布并发放批准的初始以及修订的 MRBR 及所有支持文件是 TC 申请人的责任。

对于 MRBR 中有相应安全寿命限制或者寿命限制的报废任务,其间隔(由 ICA 适航限制部分控制的)可以在 MRBR 中参引(换句话说,参引相关限制文件是允许的,而不是在 MRBR 里重新声明该限制)。初始 MRBR 被批准后,延长或者删除安全寿命限制或者寿命限制,必须经过 ISC/WG 的审查,以确保 MRBR 报废任务仍然适用并有效。

当 MRBR 中选择供应商推荐间隔作为任务间隔时,TC 申请人可以将供应商推荐间隔以飞行小时、飞行循环、日历日(或其他时间单位)填入到间隔列中,也可以在 MRBR 中引入单独的附件,放入与供应商推荐间隔值一致的任务。附件中将对每一条任务列出件号和供应商推荐间隔,在主 MRBR 的间隔列声明"见附件"。供应商推荐间隔的改变需要遵循 MSG-3 准则并作为正常 MRBR 修订过程的一部分。

每一个签字的局方需要声明 MRBR 的哪些附件(如果有的话)在他们的批准函之内。所有签字局方的批准函必须包含在发布的 MRBR 封面上。如果早期 MRBR 包含的附件列出了 CMRs,批准函必须明确表示该附件不在该批准函内,因为 CMR 的批准是由审定办公室执行的。

3.2.4.8 MRBR 临时修订原则

如果需要临时修订(temporary revisions,TR),TC 申请人、ISC 和 MRB 需要通力协作,以及时地评估任何提出的更改。临时修订应按照下述三种情形分别处理。

1)对当前运营机队有影响

临时修订只能用于以下两种情况:

(1)对安全性有影响,来不及等到下一次计划的 MRBR 修订并且遵循正常 WG/ISC 批准流程;

(2)有重要的运行和经济影响,需要实施新的或者修改的任务或间隔,并期望在下一次计划的 MRBR 修订之前发布或者不能遵循正常的 WG/ISC 批准流程。"重要的运行和经济影响"必须由 TC 申请人基于新 MRBR 任务立即实施与继续执行原 MRBR 任务带来的收益进行评估。

预期的局方批准日期为收到 TR 和支持材料之后的 15 个日历日内。

2)对当前运营机队无影响

TR 只能用于 TC 申请人为遵循规章,以便在飞机交付时及时颁布 ICA 并且 MRBR 的发布来不及等到下一次计划的 MRBR 修订并且/或遵循正常 WG/ISC 批准流程。预期的局方批准日期为收到 TR 和支持材料之后的 30 个日历日内。

3)特殊情形

需要发起 TR,而此时 MRB 正在审查 MRBR 修订版的报批稿,CA MRB 主席需要和 VA 协作并决定该 TR 是否应该落实进当前版本中(这将意味着 MRBR 修订版的报批稿将被退回给 TC 申请人,以便立即落实)还是在下一次 MRBR 修订周期再落实。

在发起 TR 之后,除非 TR 内容已经遵循正常的 WG/ISC 批准流程,TC 申请人应该将完整的 TR 文档在 TR 之后的第一次 WG 会议上(对项目来说,如果还有 WG 会议活动的话),提交给相应的 WG 进行审查。如果已不再有 WG 会议,则提交给下一次 ISC 会议或者周期性审查会议。

3.2.4.9 MRBR 内容与格式

MRBR 由 TC 申请人制定、ISC 认可、CA 批准。MRBR 提供了计划维修要求,并是飞机 ICA 要求的一部分。MRB 主席批准 MRBR 以及按照 PPH 中 MRBR 修订流程进行的 MRBR 修订。MRBR 要求不是运营人的维修大纲。批准后,MRBR 的要求就变成每个运营人制定自己的飞机维修大纲的基础或者框架。

MRBR 必须包含标题页和目录页。MRBR 必须包含最新修订的修订总结。MRBR 必须包含所有修订版本号和修订日期的记录。MRBR 必须有包含以下声明的批准页:

(1) 本报告概述了制定飞机(需要标明飞机的 make、型号和序列号 M/M/S)的结构、发动机、系统和部件的适航维修/检查程序时用到的最低计划任务/间隔要求;

(2) 本报告中的要求按照 MSG-3 制定(需要标明适用的卷目和版本)。

MRBR 必须包含制定初始 MRBR 的 MRB/ISC/WG 成员名单。MRBR 修订版的人员清单至少需要包括: MRB 主席、每个 VA 的 MRB 代表、ISC 主席(及其供职单位)。

MRBR 必须包含序言,包括以下信息: 本报告、与 ALS 一起,提供了制定 M/M/S 飞机维修/检查大纲时使用的最低初始任务/间隔要求。这些 MRBR 要求是运营人制定各自维修/检查大纲的基础。飞机不运行期间可能还需要额外的程序,如停放/存储等。

MRBR 需要定义所有的缩略语。MRBR 须包含技术术语的定义,并尽可能使用行业已经接受的定义,如那些在 ATA(也被称为 A4A)、MSG 文件以及 CSDD 中使用的术语。

MRBR 必须明确其适用的飞机和发动机的 M/M/S。

MRBR 必须包含 MRBR 中任务间隔参数转换相关的信息,使得各个运营人能将例如初始大纲、中间隔转换成想要的参数。该转换不会导致运营人超出 MRBR 的要求。

MRBR 必须要包含以下信息: 无损检测,如 X 光、超声、放射性同位素检查,或制造厂批准的备选方法,可以作为本报告给出的方法的备选方法。

MRBR 必须包含限制运营人维修大纲删除 FEC 为 5 和 8 的安全类任务。

MRB 任务和间隔是运用 MSG-3 逻辑得到的,不受签字 MRB 委员所在国局方或任何其他实体(如美国的 DOT)的影响。MRBR 可以包含一章,来明确不同国家之间 MRB 要求的差异。该章节只有在 CA/VA 之间不能就运用 MSG-3 逻辑产生的结果达成一致时或者由于规章的原因,签字 MRB 委员所在国运营人必须用不同的方法来处理分析结果(例如 FAA 对燃油箱安全和 EWIS 任务相关的要求)。

每个签字的局方需要明确声明哪些 MRBR 附件(如有)被他们的批准函所覆盖。所有签字局方的批准函必须包含在 MRBR 的封面中。如果早期 MRBR 包含的附件列出了 CMRs,批准函必须明确表示该附件不在该批准函内,因为 CMR 的批准是由审定办公室执行的。

MRB 要求中特定的国家间不同所在章节(或附件)可以包含同时来自 CA 和 VA 的 MRB 要求。这些要求应该被包含在不同的子章节中,使得批准函能明确他们的批准状态。这样做的目的是使 MRBR 的主体对所有运营人都适用,不管其在何处运营。

所有的 MRBR 必须包含明确的声明,声明国家要求不包含在 MRBR 中。MRBR 任务只来自 MSG - 3 逻辑。决定国家要求和 MSG - 3 产生的任务的优先级的责任,在于注册国所在的局方。

在该文件中,凡是提到 MRBR 及其修订版的地方,也适用于模块化的 MRB 数据,只要处理方法以及对数据的批准已经在 PPH 中予以描述。该过程必须包含能确保每个 MRB 数据模块的批准状态能被运营人/终端用户获取,无论是在模块内部提供批准状态信息还是通过批准页上的概要。

本文件提到的签名,可以是物理签名,也可以是电子签名。电子签名也可用于 MRB 模块数据的电子批准。如果使用电子签名,系统必须保证签名难以被复制;签名必须能追溯到授权人;该签名必须能防止文件之后被更改(如果有更改,该签名必须自动地显示为无效)。该方法必须在 PPH 中和 MRBR 序言中记录,使得签名的有效性能够被 MRBR 的终端用户核实。

3.2.4.10 MRBR 的定期审查

MRBR 应是一份最新有效的文件,因此,ISC 主席/联席主席、MRB 主席应该定期联合审查,决定是否需要修订 MRBR。在决定是否需要修订 MRBR 之前,必须考虑以下方面的内容:

(1) 行动项状态以及之前的会议记录;

(2) 团队的变化;

(3) 未来活动的规划;

(4) 影响 MSG - 3 分析的设计更改状态;

(5) AFM - RFM 修订和对 MRBR 的影响;

(6) 在役重要议题和对 MRBR 的潜在影响;

(7) 审查发现的腐蚀及其对 CPCP 基线的潜在影响;

(8) 临时更改的状态及整合;

(9) 非 MSG - 3 产生的要求(例如,检查的服务通告)对 MSG - 3 分析的潜在影响;

(10) 运营环境以及机队年龄的变化;

(11) 机队利用情况,如利用率和运营方式等的变化;

(12) 机队可靠性状态;

(13) 采样和保证计划的状态(例如,起落架、L/HIRF 疲劳);

（14）新 IP 的审查；

（15）影响 MRBR 的审定活动（如 ALS 变化）的反馈；

（16）CA 关于 MSG－3 要求的新解释；

（17）新的有追溯效力的适航要求；

（18）MWG 结果的审查。

对于上述各项内容的审查结果,TC 申请人应该记录并存档。如果需要,ISC 主席/联席主席以及 MRB 主席将审查任何提出的修订建议,通常在 ISC 会议上完成。对修订建议的接受或者不接受必须按照 MRBR 初版同样的流程处理。

3.3　航空维修资料规范（ATA2200）

3.3.1　概述

为了适应当代信息技术的发展潮流,以内容一次生成、多次使用为核心思想,ATA2200 将 ATA2100 和 ATA100 组合起来,形成了基于信息化的单一原始数据源管理技术标准。ATA2200 的应用可以缩短出版物编写和更改周期,提高技术出版物质量,使技术出版物的发行过程完全自动化,以便于飞机运营商与供应商之间进行数据交换。

ATA2200 适用于飞机技术出版物编码规则管理、适用性及有效性管理、内容编排、版本管理、变更管理、直接访问、数据模型、生产数据库以及检索功能管理等。ATA2200 适用于飞机技术出版物编制、修订、分发及客户化管理。

3.3.2　章节介绍

第 1 章:ATA2200 规范概述。说明规范的目的、制定过程以及内容结构。描述未来的发展情况、符合协商一致的目标、工业范围以及与过程度量标准相关的价值链的指导说明。

第 2 章:要求。说明规范的业务性、功能性和技术要求。

第 3 章:信息标准。通过具有自然相近的基本业务功能范围来组合信息标准(属性和范畴),通用信息位于通用资源区域。

第 4 章:模型和大纲。说明重构业务流程的内容、做法和原因。确定数据模型价值链分析、方法论和信息设计。各种文件类型定义及其各自的结构视图的规范。

第 5 章:介质、协议和数据包。编制有关介质、数据内容(包含在介质中的)和表达方式的实际规范。对以纯文本和图形数据库方式存储的信息,提供软件独立访问的检索标准。描述直接访问的要求和导则。

第6章：附件1。提供了包含链接至附加信息的外部引用文件目录和一个用户预定义的导航索引工具，该目录和工具标识了本规范中选择和适用的视图(过滤)内容，并以不同的结构(如通过文本)或以限定子集产生信息的视图。

3.3.3　主要内容

(1) 提供了(技术出版物)共同使用/需要的信息标准的中心源。这个中心源包含编号系统、有效性以及技术出版物索引。

(2) 提供了下述类型技术出版物信息标准。

   — 关于如何开发维修信息(维修要求)有关的信息标准，并确定要完成的工作范围、工作内容及工作时间。适用于计划维修要求、维修计划文件等编制及数据交换与管理。

   — 关于如何开发维修程序的信息标准。适用于飞机维修手册、机载设备维修手册、消耗品手册、发动机手册、故障隔离手册、无损检测手册、服务通告、结构修理手册、重量平衡手册等编制及数据交换与管理。

   — 关于产品定义的构型控制的信息标准。这些信息包括飞机、发动机或组件设计、审批或批准的信息。适用于飞机图解零件目录、发动机图解零件目录、线路图册、图解工具设备手册等编制及数据交换与管理。

   — 关于飞机维修手册系统说明部分的数据交换信息标准。适用于飞机维修手册系统说明部分编制及数据交换与管理。

   — 飞机操作和性能数据交换的信息标准。适用于主最低设备清单、飞行机组操作手册等编制及数据交换与管理。

(3) 提供了各种文件类型定义及其各自的结构视图的规范。

(4) 提供了有关介质、数据内容(包含在介质中的)和表达方式的实际规范。

3.4　基于公共源数据的技术出版物国际规范(S1000D)

3.4.1　概述

S1000D 是由欧洲航空航天与防务工业协会、美国航空运输协会等行业协会共同制定的一个采用公共源数据库创建交互式电子技术出版物的国际规范。

S1000D 适用于军用飞机、民用飞机、船舶以及装甲武器等装备制造业技术出版物的计划、管理、制作、交换、发布和使用。

3.4.2　章节介绍

第1章：规范介绍。本章介绍了 S1000D 的历史和范围。

第 2 章：文件生成过程。本章阐述了确定文件生成过程的概要说明及与其他出版物的联系。

第 3 章：信息生成。本章应用在数据模块和公共源数据库概念基础上生成的技术出版物通用规则。

第 4 章：信息管理。本章对数据模块结构、数据模块交互和更新的规则、客户化数据模块、适用性以及信息的优化和使用进行了规定。

第 5 章：信息集和出版物。本章规定了信息集和出版物的通用和特殊要求。

第 6 章：信息显示/使用。本章规定了针对页面的出版物的信息显示及功能。

第 7 章：信息处理。本章规定了给信息专家的信息，包括模式、图形、符号、资源及决议等。

第 8 章：标准编目系统和信息代码。本章描述了标准编目系统和信息代码的要求。

第 9 章：术语和词典。

3.4.3 主要内容

S1000D 的核心是将技术资料数据内容的模块化和数据格式的结构化，将技术资料数据基于可扩展标记语言技术以数据模块的形式存储在公共源数据库中，可用于支持交互式电子技术模块或手册的生成和发布。

S1000D 保证了数据的同源发布，解决了数据冗余，提高了技术资料全寿命周期管理的效率，同时提供了技术资料系统与训练系统、保障信息系统之间跨平台的通用数据交换格式，解决了技术资料信息孤岛问题。

第 4 章　MRBR 制定过程及管理

4.1　概述

　　TC 申请人需要遵循 AC‒91‒26R1《航空器计划维修要求的编制》、IMPS、MSG‒3 文件等规章和规范中的技术要求和管理要求，开展计划维修要求制定过程。典型的计划维修要求制定过程如图 4.1 所示。主要包括组织 MRB、ISC 和 WG，编制 PPH，开展 MSG‒3 分析，召开 WG 会议审议 MSG‒3 分析，召开 ISC 会议审议计划维修任务清单，编制 MRBR 报批稿并提交 MRB 批准等主要过程。

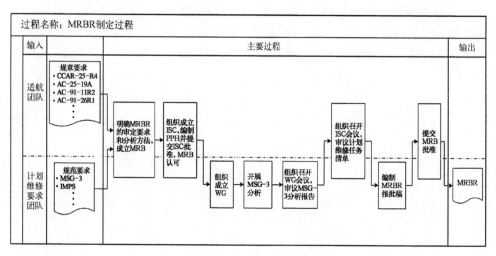

图 4.1　典型 MRBR 制定流程

4.2　组织机构与管理

　　一般来说,TC 申请人的适航团队和计划维修要求团队负责计划维修要求制定的主要工作,其中比较重要的组织工作是组织 MRB、ISC 和 WG。TC 申请人其他团队负责提供一些支持性的工作,例如,供应商团队负责与飞机系统和结构供应商的沟通与协调、技术手册团队负责计划维修要求的出版和发布等①。

4.2.1　适航团队

适航团队的主要职责包括:

(1) 协调局方,确定 MRBR 的审定基础;

(2) 提出 MRBR 符合性要求,协助局方开展符合性审查;

(3) 组织召开 ISC 会议;

(4) 将 ISC 批准的 PPH 报局方认可;

(5) 将 ISC 批准的 MRBR 报局方批准;

(6) MRBR 制定工作过程中的相关规章的支持以及与局方的沟通协调。

4.2.2　计划维修要求团队

计划维修要求团队的主要职责包括:

(1) 依据局方相关规章和咨询通告确定的 MRBR 的审定基础和 MRBR 评审计划,制定 PPH 草稿和修订稿并报 ISC 批准;

(2) 组织成立 ISC,并根据专业分工协助 ISC 成立 WG;

(3) 开展所有 WG 的 MSG‐3 分析及修订工作,更新并发布 MSG‐3 分析报告;

(4) 组织召开 WG 会议,将 MSG‐3 分析报告提交 WG 讨论;

(5) 准备 ISC 会议上会材料,包括但不限于 WG 批准的 MSG‐3 分析报告和 WG 会议纪要等;

(6) 编制 ISC/WG 会议纪要;

(7) 编制 MRBR 报批稿;

(8) 确保 MSG‐3 分析报告、MRBR 相关信息的一致性。

4.2.3　MRB

为了使 MRBR 的制订能有序地进行,审定局方应指定 MRB 主席,成立 MRB 委员会。MRB 的主要职责包括:

(1) 向 ISC 提供 MRB 人员清单,包括姓名、单位、专业等信息;

(2) 评估 PPH,并提出修改意见,待 ISC 修改完成后,予以认可;

---

① TC 申请人的计划维修要求组织工作可能因不同的申请人而略有不同。

（3）MRB 成员作为 WG 顾问参加各专业 WG 会议，监督 WG 成员严格按照 PPH 的要求进行工作，并及时提出意见；

（4）召开 MRB 会议，并邀请 ISC 主席和有关人员参加；

（5）应 ISC 主席的邀请参加 ISC 会议；

（6）建立 MRB 的工作档案，包括会议纪要、问题报告、信函、分析资料、PPH、MRBR 报批稿和 MRBR 等；

（7）评审航空器制造人提交的 MRBR 报批稿或改版，提出修改意见，待修改完成后，形成最终报告，批准发布 MRBR 或其改版。

MRB 成员的职能如下：

（1）向 WG 及 WG 成员提供指导；

（2）参加 MRB 会议；

（3）受 ISC 主席邀请参加 ISC 会议；

（4）审查 WG 的分析结果和会议备忘录，在下一次 ISC 会议前向 MRB 主席提供工作进程报告。该报告包含对 WG 工作的评估和对争议和潜在问题的通报。

4.2.4　ISC

ISC 成员由飞机用户代表、飞机潜在用户代表、TC 申请人代表及发动机供应商代表组成，ISC 委员应具有相应合适的工程背景。ISC 的任务是制订 MRBR 的政策和程序，指导 WG 的工作，以及准备 MRBR 的报批稿。

ISC 设置主席、执行主席、副主席和委员。具体设置如下：

（1）ISC 主席一般由用户代表担任；

（2）ISC 执行主席一般由 TC 申请人担任；

（3）ISC 副主席一般由用户或潜在用户代表担任；

（4）ISC 委员主要由飞机用户或潜在用户代表、飞机系统和发动机供应商代表担任。

ISC 成员随着飞机用户的增加而增加，当飞机有新用户时，ISC 主席应邀请新用户参加。每次参加 ISC 会议的委员所代表的用户数量应满足相应的要求。

ISC 在其主席的领导下完成下列工作：

（1）编写 PPH，并由申请人递交 MRB 主席认可；

（2）建立维修任务间隔指标；

（3）制定 MRBR 研制的工作计划；

（4）确定所需的维修工作组的类型及数量，并指定具有相关工程背景的专业人员参加工作组活动，同时确保工作组人员的稳定性；

（5）向 MRB 主席提供各个工作组类型及人员清单，包括姓名和工作单位；

（6）安排 ISC、WG、MRB 成员进行飞机及计划维修要求研制方法的培训；

（7）审查、批准 MSI 清单和 SSI 清单，以保证选择了所有的重要维修项目、重要结构项目；

（8）指导并监督 WG 成员按照 PPH 的要求进行工作；

（9）审查、批准 WG 的 MSG-3 分析结果，对不合适的地方，提出修改意见；

（10）对 MRB 在制订 MRBR 过程提出的问题，在下一次 ISC 会议予以解决，并记录在案；

（11）邀请 MRB 主席及其指定的 MRB 成员参加 ISC 会议；

（12）应 MRB 主席邀请参加 MRB 会议；

（13）代表飞机用户与 CAAC 协调；

（14）审查 WG 提交的假设记录及复查清单；

（15）汇编、审核计划维修要求草案，提供支持性技术数据和分析，并将其提交给制造商；

（16）组织、审查计划维修要求报告的更新工作。

ISC 主席的职能主要包括：

（1）批准 PPH，并由申请人呈送 MRB 主席；

（2）应 MRB 主席邀请参加 MRB 会议；

（3）邀请新的航空公司代表成为 ISC 成员；

（4）鼓励 ISC 成员积极参与计划维修要求的制订活动；

（5）批准 ISC 成员，提名并确定 WG 组长，并在 ISC 会议上通报 ISC/WG 最新人员名单；

（6）向 MRB 报告 ISC 的建议；

（7）与 ISC 执行主席一起协调解决计划维修要求制定过程中出现的重大问题；

（8）代表 ISC 签署计划维修要求草案，提交 MRB 批准。

ISC 执行主席的职能主要包括：

（1）组织制定 PPH，保证制订计划维修要求所有的策略、准则、程序在 PPH 中明确规定；

（2）组织召开 ISC 会议；按期向 ISC/WG 成员发出会议计划、会议通知、人员邀请及会议资料；

（3）负责会议记录，保证会上的建议、决议都有记录，且需要确保记录的完整性；

（4）负责 ISC 会议建议、决议落实情况的跟踪。如果在会后 40 天内对会上讨论的条款没有接到反馈意见，认为 ISC 通过这些条款，并在下次计划维修要求草案的更改中落实；

（5）准备 ISC 会议纪要，经 ISC 主席/副主席批准并在 MRB 主席认可后分发给所有 ISC 成员；

（6）组织 MRBR 的更新工作并制定工作计划；

（7）邀请 MRB 主席及 MRB 成员参加 ISC 会议，根据需要与 MRB 主席协调邀请其他适航当局人员参加 ISC 会议，并提前 2 个月发出邀请函；

（8）向 MRB 主席提交 ISC 成员名单和 WG 成员名单；

（9）加强 ISC 组织的有效性，辅助维持 ISC 成员之间的联系；

（10）保证 ISC 会议报告的准确性；

（11）制定 MRBR 工作计划，监控计划的执行情况，发现问题及时向 ISC 主席报告并提出建议；

（12）汇总 MRBR 报批稿及相应的技术支持材料，提交 ISC 主席审查；

（13）与 MRB 主席协调进行计划维修要求报告更新的事宜；

（14）组织 MRBR 的更新工作。

ISC 副主席的职能主要包括：

（1）协助邀请新的航空公司代表成为 ISC 成员；

（2）当 ISC 主席缺席时，经主席授权后代行主席职责；

（3）鼓励 ISC 中航空公司代表积极参与计划维修要求的制订，协助主席保证航空公司代表出席 ISC 会议；

（4）协助主席加强 ISC 组织的有效性，维持成员之间的联系；

（5）协助主席保证 WG 成员的组成比例恰当及关系协调；

（6）协助主席指导对 WG 报告的更深入评审；

（7）监控 WG 的进程。

4.2.5　WG

WG 由飞机用户代表、潜在用户代表、TC 申请人代表和发动机供应商代表组成。MRB 主席应为每个 WG 安排 MRB 人员做顾问。WG 设置组长、执行组长以及组员。每个 WG 组长由飞机用户代表担任，执行组长一般由 TC 申请人代表担任。

根据各 WG 的工作量，各组的人员数量可以不同，TC 申请人根据工作需要可以邀请供应商参加 WG。航空公司代表可以同时是两个 WG 的成员（如同时是结构组和区域组成员）。当 TC 申请人有新的用户时，WG 应邀请新用户参加。每次参加 WG 会议的航空公司的数量应满足相应的要求。

4.3　PPH 内容及修订管理要求

4.3.1　PPH 主要内容

PPH 一般由 TC 申请人根据规章要求，如咨询通告 AC‑91‑26‑R1《航空器

计划维修要求的编制》以及相关规范,如 IMPS 的要求编制,经 ISC 主席批准,MRB
认可后,成为开展 MSG-3 分析、编制 MRBR 的依据性文件。PPH 的内容和样式可
参考 IMPS 及本书附录 2,其一般包含以下主要内容。

1) 控制部分

包括批准页、修订记录、有效页清单。

2) 正文部分

(1) 对 MRBR 任务分析的基本说明,包括准备使用的 MSG-3 分析文件
版本;

(2) 对申请型号的设计情况和审定基础的说明;

(3) 对申请型号的预期使用情况的说明;

(4) MRBR 任务的间隔框架说明;

(5) ISC 和 WG 的职责;

(6) 初始制订阶段的计划安排;

(7) 系统维修任务、结构维修任务、区域维修任务、闪电及高能辐射维修任务
分析的方法、步骤、流程以及分析表格样例;

(8) MRBR 任务的格式要求、编号规则;

(9) MSG-3 分析报告的版本控制、修订规则;

(10) 会议纪要等 MSG-3 分析工作使用文件的要求和管理规则;

(11) MRBR 任务的优化相关的管理要求和规则;

(12) 关于设计更改进行持续评估的管理要求和规则;

(13) 关于计划维修要求文件持续修订完善的管理要求和规则;

(14) 分析项目清单;

(15) ISC、WG 和 MRB 的人员名单。

4.3.2　PPH 修订管理要求

PPH 的初始版及其以后的修订都必须经 ISC 主席的批准和 MRB 的认可。修
订之前的所有建议都应该与 ISC 主席和 MRB 主席协商,并在下一次会议期间或之
前发放到 ISC、MRB 和 WG 成员手中。PPH 的修改要求如下:

(1) PPH 的所有修订都属于 ISC 批准、MRB 认可范畴。这些修订应该记录在
"历次改版修订内容摘要"中,并保留明显的标记由 ISC 主席签字,并经 MRB 认可
才能得到正式生效;

(2) 在 WG 会议期间对 PPH 产生的修改建议应该记录在 WG 的会议纪要中。

PPH 修改及批准程序见图 4.2。

PPH 文件正式版是指经 ISC 主席批准、MRB 认可的版本。PPH 的正式版需要
存档,并进行相应的编号。

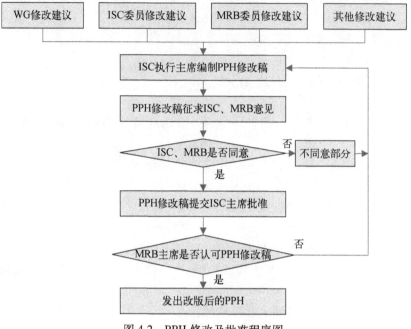

图 4.2　PPH 修改及批准程序图

4.4　MRBR 内容及修订管理要求

4.4.1　MRBR 主要内容

MRBR 的报批稿由 TC 申请人编制后,提交 ISC 会议审议,审议通过后,由 ISC 主席提交给审定当局 MRB 报批。批准之后,MRBR 报批稿即成为正式的 MRBR,也就是初始最低计划维修要求。TC 申请人可将其交给用户制定他们自己的飞机维修方案。根据咨询通告 AC－91－26－R1《航空器计划维修要求的编制》,MRBR 主要包括以下几个部分:

第一章: 前言;

第二章: 检查间隔;

第三章: 计划维修要求通用规则;

第四章: 系统和动力装置检查大纲;

第五章: 结构检查大纲;

第六章: 区域检查大纲;

附录 A: MRB/ISC/WG 成员名单;

附录 B：缩略语；

附录 C：飞机区域划分；

附录 D：MRBR 修订程序；

附录 E：合并到区域检查中的系统、结构和 L/HIRF 检查任务；

附录 F：术语解释。

4.4.2　MRBR 修订管理要求

MRBR 的所有修订和更改应有必要的陈述文件，包括适用的 MSG - 3 分析并尽可能遵守相应的修订管理要求。由于 MRBR 是一份经常更新的文件，因此 TC 申请人、ISC 主席和 MRB 主席应至少每年召开一次联合检查会议来决定是否对其改版。

1）正常修订的政策

如果构型发生更改、出现新的规章要求、MSG - 3 分析结果发生改变或者从现役的经验中得出任务需要优化，此时需要建议对 MRBR 进行更改。建议的更改以及所需的所有支持数据将提交给 ISC 主席，如果有需要，制造商、ISC 和 MRB 将对更改的建议进行评估。如果有必要对 MRBR 进行修订，相关工作组需要考虑进行新的 MSG - 3 分析或更改现有分析内容，制造商将会建议召开 ISC 会议审议。建议的更改和支持数据将会提交给 MRB 主席。

2）临时修订的政策

对于认为具有安全性和重大运行性或经济性影响的内容，应该及时颁布临时修订版（temporary revision，TR），以提高其工作的安全性、可靠性和经济性。

对于认为是安全性问题的项目，供应商或合作单位在发现该项目具有安全性影响之后的 18 小时内有责任为 TC 申请人提供临时修订草案/输入数据。如果该项目有重大的运行性或经济性影响，该时间可以延续到 48 小时。

对于认为有安全性影响的所有项目，临时修订版要迅速递交审定局方，而一旦得到审定局方的批准，要及时发布服务通告，除非另有其他建议。

对于认为有重大运行性或经济性影响的项目，临时修订版在送交 MRB 主席批准前，要以书面形式通知 ISC 主席，该信函应包括选取的原因和情况，以及如何使 MRBR 或改版建议书得到批准的建议。

在 ISC 主席分析了修改建议后，要以电子版的形式将临时修改版递交给 MRB 获得批准和评论。任何时候 TR 都应以文件形式递交下一次 WG 会议、ISC 会议以及进行 MSG - 3 分析审查的 MRB 会议。

每个临时修订版应具有唯一的、区别于正常修改版的临时修改版本序号。临时修改版的结果将记录在 MRBR 的修改记录清单中。

4.5 培训要求

4.5.1 PPH 培训

TC 申请人需要将 PPH 最新有效版本及时提供给 ISC、MRB 和 WG 的成员,并在 ISC、MRB 和 WG 成员会议期间就 PPH 中的内容向所有与会者进行介绍和讲解。所有的 ISC、MRB 和 WG 成员均应熟悉 PPH,并需要遵守该手册内容。

当有新的成员加入 ISC/WG 时,根据 ISC/WG 工作需要,TC 申请人还要为其提供 PPH 的培训并给出相关内容的解释性说明。

4.5.2 MSG-3 及相关软件培训

TC 申请人应对 ISC、MRB 和 WG 成员及相关工作参与者进行 MSG-3 的培训,并结合 PPH 具体说明飞机 MRBR 的制订方法,使每一位成员都深入理解 MSG-3 思想,同时就制订飞机 MRBR 的方法达成统一认识。另外,TC 申请人还需对分析人员提供 MSG-3 辅助分析软件使用方法的培训。

4.5.3 飞机机型一般熟悉性培训

TC 申请人需要对 ISC、MRB 和 WG 成员提供飞机机型的一般性熟悉培训,结合 ISC、MRB 和 WG 会议,进行有关飞机的设计、生产、使用情况的基本介绍,使大家对飞机有一个整体认识。培训主要包括航电系统、主飞行控制系统、起落架、液压、动力装置系统和空调系统的功能原理、飞机结构设计、闪电防护设计等与制订 MRBR 相关的内容。在 WG 会议期间,发动机制造商也要提供一次熟悉动力装置的一般性培训。

TC 申请人除对 ISC、MRB 顾问和 WG 成员进行飞机一般熟悉性培训外,在 WG 会议期间按需进行飞机的详细培训,以分析系统(或结构)的设计特点和功能,包括故障、故障原因和故障影响等。在上述培训的基础上,TC 申请人工程师还要负责回答在 MSG-3 分析过程中所遇见的系统和结构方面的问题,并提供必要的试验和分析资料等。

这些有关技术方面的培训或者介绍一般在系统/结构/区域/HIRF 进行 MSG-3 分析之前进行。

4.6 会议组织与管理要求

ISC/WG 会议由 TC 申请人组织,在 ISC/WG 会议前,ISC/WG 相关负责人要提前 3 个月确认会议计划,提前 2 个月发出正式邀请函,提前 1 个月发出会议材料。

4.6.1　WG 会议

一旦 WG 完成了分析工作,并且在所有 SNS 及主要区域的 MSG-3 分析达成一致意见,其技术文件由 WG 审查通过后,WG 执行组长把完成的分析文件和工作总结提交给 ISC 主席。在 WG 会议中,参加会议的各方代表必须准备详细的设计、运营和维护方面的技术数据和资料,以支持 WG 的讨论、审查工作。

WG 会议期间 WG 要负责审查制造方提交的 MSG-3 分析结果,每次 WG 会议原则上至少要有该工作组 2/3 不同家航空公司代表参加方可有效。WG 组长负责作出最终的审查决议。在 WG 会议纪要中要详细记录争议的问题、各方的不同意见及理由。在 WG 会议中无法解决的问题,要以书面的形式清楚说明存在的主要问题以及解决问题的不同方案和说明性材料并记录在会议纪要中,才能提交 ISC 审查。

4.6.2　ISC 会议

在 ISC 会议期间将讨论并审查、批准 WG 提交的 MSG-3 分析结果。对 ISC 会议中存在争议的问题,由制造方负责对存疑点进行必要的解释,由 ISC 主席主持 ISC 委员进行讨论,形成决议,对争议问题的详细讨论过程及决议应记入 ISC 会议记录中。ISC 执行主席需建立有效的 ISC 会议材料预审查程序,对提交 ISC 会议的材料进行合理检查,以保证 ISC 会议材料的准确性与完整性。

4.6.3　会议资料、记录管理要求

每次 WG 会议召开之前,WG 执行组长负责将会议资料分发给 WG 成员,并保证分发的所有 MSG-3 分析材料有明确的版本标识,以确保会议过程中所讨论材料的一致性。每次 WG 会议结束之后,WG 需按照会议讨论结果及时修改 MSG-3 分析材料并做好版本标识,按照 PPH 要求整理会议记录、纪要、行动项目控制表以及分析项目控制清单;WG 执行组长负责在会后 4 周之内将上述材料以电子文档格式提交给 ISC 执行主席,WG 执行组长对上述材料的准确性负责。

每次 ISC 会议结束之后,ISC 执行主席负责整理会上审查通过的任务清单,并按照 PPH 要求整理会议记录、纪要以及行动项目控制表;ISC 执行主席负责在 ISC 会后两周之内将上述材料以电子文档的形式提交给 ISC 主席以及委员,ISC 执行主席对上述材料的准确性负责。

4.7　飞机研制各阶段 MRBR 工作与管理要求

4.7.1　立项与可行性研究阶段

1）工作要求

（1）TC 申请人根据行业现状和客户需求提出建议的维修性目标，并提供项目管理团队。

（2）项目管理团队根据建议的维修性目标，确定项目目标，并规划项目资源。

（3）飞机设计研发团队根据项目管理团队确定的目标提出安全性、可靠性和维修性设计要求。

2）主要交付物

（1）维修性要求。

（2）维修性设计要求。

4.7.2　初步设计阶段

1）工作要求

（1）TC 申请人组织项目团队，支持设计研发中心的安全性、可靠性和维修性分析。在系统设计阶段组织 ISC、WG，制定 PPH，并开发 MSG－3 分析工具。

（2）TC 申请人设计研发团队在整机设计阶段开展整机级安全性、可靠性和维修性分析，并开展结构强度分析；在系统设计阶段开展系统级安全性、可靠性和维修性分析，并更新结构强度分析。

（3）TC 申请人试飞团队在初步设计阶段支持设计研发中心的整机级和系统级安全性分析。

（4）TC 申请人项目管理团队在初步设计各阶段组织确认项目目标的落实情况。

（5）TC 申请人适航团队协调管理当局成立 MRB。

2）主要交付物

PPH 初稿。

4.7.3　详细设计阶段

1）工作要求

（1）TC 申请人计划维修要求团队在进入详细设计阶段开展 MSG－3 分析，并根据设计研发中心安全性、可靠性和维修性分析和结构强度分析的更新，跟踪更新 MSG－3 分析。在系统设计阶段后，分阶段组织 ISC/WG 会议讨论。

（2）TC 申请人设计研发团队根据构型控制文件持续更新安全性、可靠性和维修性分析和结构强度分析。

（3）TC 申请人试飞团队在进入详细设计阶段后,支持设计研发团队的安全性分析。

（4）TC 申请人项目管理团队在进入详细设计阶段后进入正常的构型控制管理。

（5）TC 申请人适航团队结合 ISC/WG 会议协调局方 MRB 的评审。

2）主要交付物

（1）MSG - 3 分析报告。

（2）更新的 PPH。

4.7.4　总装制造阶段

1）工作要求

（1）TC 申请人计划维修要求团队应当初步完成 MSG - 3 分析,形成 MRBR 报批稿的初稿,确认维修程序,并组织 ISC/WG 会议讨论。

（2）TC 申请人设计研发中心根据初步冻结构型控制文件更新安全性、可靠性和维修性分析和结构强度分析。

（3）TC 申请人总装制造团队应当在总装期间结合交付试飞初步验证维修任务和维修程序。

（4）TC 申请人试飞团队确定维修任务和维修程序的验证计划。

（5）TC 申请人项目管理团队初步冻结设计。

（6）TC 申请人适航团队结合 ISC/WG 会议协调局方 MRB 的评审。

2）主要交付物

（1）MSG - 3 分析报告。

（2）更新的 PPH。

（3）MRBR 报批稿的初稿。

4.7.5　研发试飞阶段

1）工作要求

（1）TC 申请人计划维修要求团队根据设计更改和更新的安全性、可靠性和维修性分析、结构强度分析,完善和更新 MSG - 3 分析、MRBR 报批稿,并应用于试飞。研发试飞阶段完成前应当组织 ISC/WG 会议讨论完善和更新的内容。

（2）TC 申请人设计研发团队根据设计更改更新的安全性、可靠性和维修性分析、结构强度分析。

（3）TC 申请人试飞团队开展相关的试飞验证。

（4）TC 申请人项目管理团队开展设计更改控制管理。

2）主要交付物

（1）MSG-3 分析报告。

（2）更新的 PPH。

（3）MRBR 报批稿的修订稿。

4.7.6　符合性验证试飞阶段

1）工作要求

（1）TC 申请人计划维修要求分析团队在符合性验证试飞阶段根据设计更改和更新的安全性、可靠性和维修性分析、结构强度分析，持续完善和更新 MSG-3 分析、MRBR 报批稿，并持续应用于试飞。在功能和可靠性试飞阶段应当完成 MSG-3 分析和 MRBR 报批稿，并分阶段组织 ISC/WG 会议讨论完善和更新的内容。

（2）TC 申请人设计研发团队在审定试飞阶段持续根据设计更改和更新的安全性、可靠性和维修性分析、结构强度分析，并在功能和可靠性试飞阶段冻结构型和设计更改控制文件，完成安全性、可靠性和维修性分析，初步完成结构强度分析。

（3）TC 申请人试飞团队在符合性验证试飞阶段支持试飞验证。

（4）TC 申请人项目管理团队持续开展设计更改控制管理，并在功能和可靠性试飞阶段冻结设计。

（5）TC 申请人适航团队结合 ISC/WG 会议协调局方 MRB 的评审。

2）主要交付物

MRBR 报批稿。

4.7.7　市场表演试飞阶段

1）工作要求

TC 申请人适航团队协调局方 MRB 批准通过 MRBR。

2）主要交付物

MRBR。

4.7.8　交付运行阶段

1）工作要求

（1）实施 MRBR 修订控制及持续改进。

（2）协调局方实施 MRBR 的持续评审。

2）主要交付物

MRBR 的修订。

第5章 系统和动力装置 MSG‒3 分析

5.1 概述

系统和动力装置历来是 MSG‒3 分析重要组成部分,分析范围包括全机所有机载系统(包括动力装置),分析目的是确定飞机和动力装置重要维修项目(maintenance significant item,MSI),并针对所有 MSI,制定初始最低计划维修任务和任务间隔。

在开始分析之前,首先需要梳理分析所需的源数据,主要包括系统划分、系统描述文件、接口文件、数模、故障模式影响分析(failure mode effect analysis,FMEA)报告、故障树分析(failure tree analysis,FTA)报告、功能危害性分析(failure hazardous analysis,FHA)报告、主最低设备清单(master minimum equipment list,MMEL)、飞机飞行手册(aircraft flight manual,AFM)、维修性/可靠性分析报告等,系统供应商提供的 MSG‒3 分析报告也是重要的参考资料。需要说明的是,在开展系统和动力装置 MSG‒3 分析之前,有些源数据可能尚未定稿或者批准,如 MMEL、AFM 等,在分析过程中可以先行作出假设,并记录下来,在相关源数据正式定稿或者批准之后,再次核查所有的假设是否成立,并按需修订 MSG‒3 分析报告[8]。

MSG‒3 分析方法本质上是一种定性分析方法,其思想的精华是充分利用各参与方,包括审定局方专家、航空公司运营专家、飞机工程师各自的专业知识和宝贵经验。因此在开展系统和动力装置 MSG‒3 分析时,分析工程师应当和系统设计工程师、系统供应商工程技术人员以及 WG 专家、MRB 专家紧密协调、充分沟通,从而发挥各自的聪明才智,共同完成分析工作。

5.2 分析流程

5.2.1 总体流程

系统和动力装置计划维修分析总体流程如图 5.1 所示。

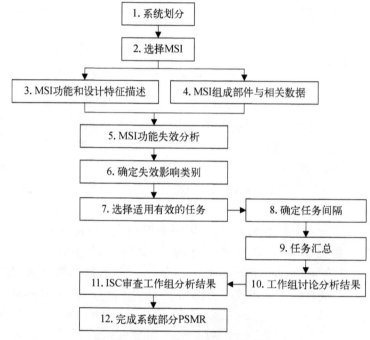

图 5.1 系统计划维修分析流程

流程说明:

(1) 步骤 1,对系统进行划分,依次划分到系统、子系统和部件,一直进行到确定所有的航线可更换件(line replaceable unit,LRU)为止;

(2) 步骤 2,确定系统重要维修项目(MSI);

(3) 步骤 3,详细介绍 MSI 系统功能和设计特征等信息;

(4) 步骤 4,提供 MSI 各部件供应商、装机数量以及维修性和可靠性等方面的数据;

(5) 步骤 5,确定 MSI 的功能、功能失效、失效影响和失效原因;

(6) 步骤 6,通过上层分析(失效影响问题),确定每个功能失效的失效影响类别;

(7) 步骤 7,通过下层分析(任务相关问题),确定适用有效的任务;

(8) 步骤 8,确定初始的维修任务间隔并提供相关的确定依据,供 WG 讨论和决定；

（9）步骤 9,对该 MSI 产生的任务进行汇总,并初步确定区域候选任务,便于 WG/ISC 审查；

（10）步骤 10,WG 审查分析人员提交的初始分析材料；

（11）步骤 11,ISC 审查 WG 提交的分析结果；

（12）步骤 12,完成系统部分 MRBR 建议稿。

5.2.2　系统划分

系统划分从系统到子系统再到部件,逐级划分到所有 LRU,并按照 S1000D/ATA2200 进行编号。系统划分必须彻底,所有可以在航线上更换的部件,都应尽量定义成 LRU。

需要着重提醒的是,系统供应商出于自身利益,有时存在不愿意将自家供应的部件划分得过细的情形。例如,国产某型飞机飞控系统供应商,曾将整个水平安定面作动器作为一个 LRU,但作动器上的电机、刹车、位置传感器实际上都可以在航线上单独更换。系统划分不彻底,不仅可能给后续分析带来困难,更重要的是将会增加飞机运营成本。此外,还存在系统划分不合理的情况,如子系统划分过于琐碎等。例如,燃油系统燃油泵出口处的压力电门(用于指示燃油泵出口是否有压力),被单独划分成一个子系统-燃油压力指示系统,即属此类。

系统划分是系统和动力装置 MSG－3 分析的起手工作,因此,对于划分不彻底、不合理的情况,应尽早和系统设计工程师沟通,必要时可以启动设计更改,从而避免上述问题的发生。

5.2.3　MSI 的选择

在进行具体的 MSG－3 分析之前,必须以预期的失效影响为基础,根据工程经验确定飞机的 MSI。

1）第一步

对飞机上所有系统,按照 3.2.2 节,将飞机划分成几个主要的功能模块:系统和子系统,直到确定所有机上可更换的部件为止。需要注意的是:具有系统功能(例如防火墙、飞控舵面铰链轴承、排水通路和门铰链)的结构项目(不管是被指派为 SSI,还是其他结构项),以及所有安全/应急系统或者装置,在系统/动力装置 MSG－3 分析确定 MSI 时,也必须考虑。

2）第二步

章节划分确定之后,形成自上而下的系统-子系统-LRU 的清单。

3）第三步

对第二步清单上的每一个项目,问以下 4 个问题:

（1）失效影响安全（地面或空中）吗？包括安全/应急系统或者装置。

（2）在正常职责范围内，失效对空勤人员来说是无法发现或不易察觉的吗？

（3）失效有重要的运行性影响吗？

（4）失效有重要的经济性影响吗？

每个问题应给出合理的回答。

4）第四步

（1）4个问题的回答，只要有一个为"是"，那么该项目就是一个重要维修项目，就需要进行 MSG-3 分析，同时需要考虑其最高可管理层。最高可管理层通常是一个系统或者子系统，绝大多数情况下，比最低的 LRU 层级要高一级。最高可管理层的等级需足够高以避免不必要的功能分析；但是，等级也不能太高，确保经过适当的分析就能包括其所有的功能、失效和引起失效的原因。例如，将整个飞控系统作为最高可管理层就太高了，因为飞控系统包含很多部件，功能也很复杂，很难以清晰简明的方式开展分析过程，也就做不到"可管理"。

（2）若4个问题的回答全部是否定的，那么就不需要对此项目进行 MSG-3 分析，也不需要对该项目的更低层次进行 MSI 选择分析工作。这些项目将作为非 MSI 清单，由型号合格证申请人提交给 ISC 审查并得到批准。

5）第五步

一旦这个最高可管理层在第四步被确定了，由此产生的项目清单将被视为"候选 MSI 清单"，并由型号合格证申请人提交给 WG 和 ISC 审查。ISC 审查并批准后把这个清单下发给 WG。

6）第六步

WG 审查这些候选 MSI 清单，并对它进行 MSG-3 分析以验证所选择的最高可管理层，或者（需要时）向 ISC 提出对 MSI 清单的修改意见。WG 审查的主要目的就是确保没有重要项目被忽略，并确定选择的是合适的分析等级。

图 5.2 是 MSI 的选择流程图。

5.2.4　MSI 描述

对于 MSI 项目，需对其进行详细的描述，包括：系统划分、概述、功能描述、设计特征、组成部件、指示信息、接口信息等，描述的目的是对该系统的功能、功能失效等设计特征进行正确的理解，从而为后续分析提供足够支持。所有后续分析需要用到的信息必须在此有所体现，因此，这部分工作实际上是系统/动力装置 MSG-3 分析最难的、也是最耗时的。

5.2.5　部件数据描述

本节需列出 MSI 包含的所有部件，说明部件的件号、装机数量、供应商等信息，

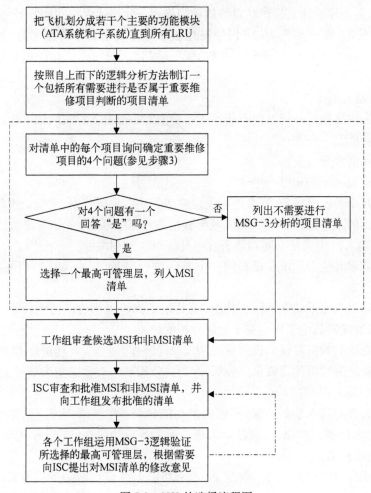

图 5.2　MSI 的选择流程图

以及部件在其他型号飞机上的经验数据、MTBF、MTBUR 等。这部分数据是后续判断任务间隔的重要依据,通常由系统供应商提供。

5.2.6　MSI 功能失效分析

本节详细说明 MSI 功能、功能失效、失效影响和失效原因的分析。

1) 功能

一个系统的功能定义为其运行的正常特征,包括系统达到其功能目标所需完成的必要动作。功能列表应该很完善并且不局限于主要功能,辅助或次要功能也应该包括在内。功能应该按下面的语言描述:“用于监控…”“用于指示…”“用于警告…”“用于探测…”“用于控制…”等等。当给出功能、功能失效、失效影响和失效原因时,需要注意所有保护性设备的功能描述。除描述保护功能本身外,还应当有"如果"或者"在…条件下"等词语描述激活保护功能的事件或者环境。例如,"如果某系统的压力超过 3 000 psi[①] 时,释压活门就会打开"。功能编号通过数字序号识别,从数字"1"开始。

2) 功能失效

功能失效是描述系统如何不能完成其功能。一般有 3 种失效的可能性:

(1) 功能完全丧失;

(2) 功能部分丧失;

(3) 功能在不期望时产生动作。

对于冗余系统或设备,冗余的丧失也应作为功能失效考虑,尽管余度的丧失并不影响飞机的正常运行。当功能失效与其他系统相关联时(例如系统功能 A 为系统 B 提供输入),应清楚表明功能失效与其他 MSI 的相关性。

(1) 如果其他的系统也是在同一个 WG 进行分析,则由 WG 协调并且在 WG 内部进行跟踪。

(2) 如果其他系统在不同工作组,则其他工作组提供的任何支持都应在转移单注明,或者通知其他工作组关于上层分析的结果。

定义功能失效需要深入理解系统及其设计原理。例如,有些部件有双重通道,单通道的功能失效可能需要单独分析,因为失效影响与双重通道失效可能不一样,甚至是不明显的。

功能失效都与功能相关联,一般通过功能条目(数字)和字母(从字母"A"开始)相结合来识别。例如,标识符"2C"表示相关条目功能 2 的第 3 个失效。

3) 失效影响

指功能失效的后果。通常情况下,一个功能失效只存在一种失效影响。如果一个功能失效对应不止一个失效影响,则功能失效或失效影响定义不正确。失效影响的描述不能只是对功能失效的简单重复。失效影响的描述应该包括客舱和/或驾驶舱可能的指示,有利于进行明显或隐蔽失效类型的判断。失效影响应考虑到系统下一个更高的级别,如果适用,需要考虑对整机的影响(例如,如果客舱增压失败,失效影响应该陈述对于整个飞机将意味着什么)。失效影响的描述不应该提及可能的失效原因(例如,开关失效将导致…),但是,如果适用,可以提到功能失效(例如,失去控制将导致…)。

失效影响通常与功能失效相联系,一般通过功能失效条目编号和数字(从"1"开始)来识别。例如,FE 标示符"2C1"表示功能 2 的第 3 个功能失效的第一个(且只有一个)影响。

---

① 1 psi = 6 894.757 Pa。

4）失效原因

失效为什么会发生。对引起失效的所有部件和相关事件都要进行分析。

失效原因的定义应该使得在下层分析时，能够对潜在的任务进行有效评估：

（1）失效原因不仅要指出部件，而且要指出其失效模式，例如，机械或电子故障，故障发生在打开还是关闭位置，电路开路或短路，壳体损坏等；

（2）如果已经知道一个可能的任务只能在系统级别完成（例如系统操作检查），则失效原因可以简要描述。如果可能的任务必须对单一的部件进行，则必须对失效原因进行详细描述。

应该考虑其他系统和/或者 MSI 的失效原因。当失效影响与其他系统相关联时，下层分析需要转移到其他工作组或者需要其他工作组的建议来完成。通常，在分析系统时，导线（包括安装的光纤线路）和电路断路器不作为出现失效的直接原因考虑；但是，在区域检查中的所有导线和管路要由区域工作组加以分析；如果有些项目在其他维修工作中没有被充分包括，则该项目应该被分配一个区域检查任务。

失效原因与功能失效/失效影响相关联，通过功能失效/失效影响参考号和序列号组合来识别失效原因（从"a"开始）。例如，标识符"2C1d"表示功能 2 的第 3 个功能失效（与此相关的失效影响为 1）的第 4 类失效原因。

5.2.7　确定失效影响类别（上层分析）

本节考虑功能失效及其后果以确定失效影响的类别，通常也称作上层分析，也称作 Level 1 分析。有 4 个问题：问题 1 到问题 4，如图 5.3 所示。依据对 4 个问题的回答，功能失效确定为 5 种失效影响类别中的一个，定义为类别 5 到 9。

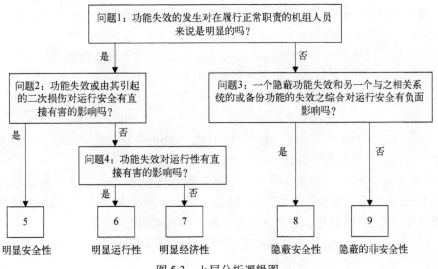

图 5.3　上层分析逻辑图

问题 1：功能失效的发生对在履行正常职责的机组人员来说是明显的吗？

（1）这个问题是问履行正常职责的空勤人员能否及时发现到功能的丧失（失效）。这个问题对分析项目的每个功能失效都要问，其目的是将明显失效和隐蔽失效分开。空勤人员包括合格的飞机驾驶舱和客舱当值人员。正常职责是那些飞机每天日常操作相关的职责。

如果对某个系统的使用频率不确定，在使用过程中作了假设，则所做的假设在分析过程中应该记录下来供后面核实。电子设备所做的自动测试也可以用这种假设。

注：为了利用电子设备每次上电时的上电自检测，任何关于该设备每天都会关掉的假设都必须在 MRB 报告的运营规则中予以明确规定。地面勤务人员不在机组人员之列。

机组人员的正常职责（部分）在管理当局批准的飞机飞行手册（aircraft flight manual, AFM）的相关部分中进行了规定，这些职责必须由机组人员来完成。在 MSG-3 分析时，工作组应该考虑把机组通过机组检查程序发现的失效归为明显类。

由于在 MSG-3 分析时，AFM 可能尚未发布，工作组需要记录上所有假定包含在被批准的 AFM 中的机组检查程序。AFM 正式发布后，必须对所有假设进行核实，确保其包含在 AFM 中。

（2）回答"是"表示这个功能失效是明显的，则继续问题 2。

（3）回答"否"表示这个功能失效是隐蔽的，则继续问题 3。

问题 2：功能失效或者来自功能失效的二次损伤对运行安全性有直接有害的影响吗？

（1）"直接"是指功能失效或其二次损伤自身造成的影响，而不需要结合其他功能失效。"运行"是指旅客和机组以飞行为目的而位于飞机上的这段时间。"安全性有害影响"是指失效后果会阻碍飞机继续安全飞行和降落，并且/或者对机上人员造成严重或者致命伤害。

（2）这个问题的目的是评价明显的功能失效对安全后果的影响。如果回答"是"，表示该功能失效对运行安全性有直接有害的影响。

（3）回答"否"表示要么对运行性有影响，要么对经济性有影响，所以必须进一步问问题 4。

问题 3：一个隐蔽的功能失效和另一个与之相关系统的或者备份功能的失效之综合对运行安全性有有害的影响吗？

（1）这个问题的目的是评价一个隐蔽功能失效后果，即问题 1 中确定的隐蔽功能失效，它本身对安全性没有影响，但是与另一个功能失效（与之相关系统的或者预期作为备份的）结合起来对运行安全性产生有害的影响。

（2）保护设备可能阻止保护功能起作用的隐蔽功能失效，应结合该设备设计该保护功能所要针对的事件或者条件。

（3）对安全/应急系统或设备的隐蔽功能,在系统或设备的设计中应考虑承受另外失效的能力,在系统没有余度的情况下,将被选择为失效影响第 8 类。对有冗余度的系统,如果当第一套余度系统失效后系统失效仍然是隐蔽的,也被选择为失效影响第 8 类。

（4）回答"是"表示对安全性有影响,必须制定适当的任务。

（5）回答"否"表示是非安全性（经济性）影响。

问题 4：功能失效对运行性有直接有害的影响吗?

（1）这个问题是问功能失效对运行性是否有有害的影响,如：在下次签派之前需要进行运行上的限制或者对其予以纠正,或者需要机组人员使用非正常或者应急程序。

（2）这个问题对那些对安全性能没有直接有害影响的明显功能失效都要问。回答可能会因为运行类型的不同而不同。

（3）一个失效对运行性有没有影响需要按 MMEL 或者/和其他使用程序文件来确定。

（4）如果开展 MSG - 3 时,MMEL 或者/和其他使用程序文件尚未形成,在回答问题 4 时可以做出假设,并在上述文件具备后复查所有的假设。

（5）回答"是"表示对运行性有影响。

（6）回答"否"表示是经济性影响。

5.2.8 选择任务（下层分析）

在通过上层分析确定了失效影响类别后,需参照图 5.4,回答该失效影响类别下对应的任务选择问题,从而对每个失效原因制定出相应的维修任务（如有）,这一步分析通常称作下层分析,也称作 Level 2 分析。备选的维修任务主要有润滑/勤务、操作/目视检查、检查/功能检查、恢复、报废五类。在选择任务时,一定要遵守任务选择的适用性和有效性准则,只有那些适用和有效（根据 MSG - 3 的任务选择准则）的任务才能被选择。

5	6	7	8	9	工作选择的问题
A	A	A	A	A	润滑或勤务工作是适用和有效的吗?
			B	B*	用操作或目视检查来探测隐蔽的失效是适用和有效的吗?
C	C*	C*	C	C*	用检查或功能检查探测功能退化是适用和有效吗?
D	D*	D*	D	D*	降低失效率的恢复工作是适用和有效的吗?
E	E*	E*	E	E*	避免失效或降低失效率的报废工作是适用和有效的吗?
F			F		有一种工作或综合工作是适用和有效的吗?

图 5.4 失效影响类别与任务选择问题对应关系

注：对标注 * 的问题,如果回答为"是"则不需要继续对下面的问题提问;如果回答为"否"则需要进一步对下面的问题提问以确定检查任务。对没有标注 * 的问题,无论回答为何,均需对下一个问题提问。

为了确定任务,需要将失效原因和功能失效结合起来考虑。在分析中有 6 种可供选择的任务,其中第 6 种是其他 5 种任务中 1 种或更多种任务的组合。

任务 1:润滑/勤务(所有种类)

对应图 5.4 中问题 5A、6A、7A、8A、9A:润滑或勤务任务是适用和有效的吗?

定义:润滑/勤务任务的目的是保持其设计的固有性能。

适用性准则:消耗性材料的补充必须能降低功能的退化速度。

有效性准则——安全性:该任务必须能降低发生失效的危险性。

有效性准则——运行性:该任务必须能降低失效发生的风险到一个可接受的水平。

有效性准则——经济性:任务必须是有经济效果的。

附加说明:清洁处理只是一项恢复性任务不能考虑作为勤务任务。

MSG-3 分析的目的不是为了确定完整的润滑任务清单。只有适用和有效(基于 MSG-3 准则)润滑任务才会被选择。

任务 2:操作/目视检查(只适用于隐蔽功能失效类)

对应图 5.4 中问题 8B 和 9B:验证使用状况的检查是适用和有效的吗?

定义:目视检查是指通过观察确定某一项目能否完成其预定目标的工作。这种检查不是一种定量的检查,只是一种发现失效的工作。操作检查是确定某一项目能否完成其预定任务的工作。这种检查不是一种定量的检查,只是一种发现失效的工作。如操作检查应急撤离过道灯是否有效,此任务要打开后服务员板应急撤离灯开关,然后看应急撤离过道灯是否亮,如果灯亮,说明功能正常,反之,功能失效。

适用性准则:失效状况必须能被识别。

有效性准则——安全性:该任务必须能保证达到隐蔽功能的足够的可用性,以降低发生多重失效的风险。

有效性准则——经济性:该任务必须能保证达到隐蔽功能的足够的可用性,以避免发生对经济性有影响的多重失效,并且必须是有经济效果的。

附加说明:由问题 8B 和 9B 产生的任务是用来探测隐蔽的功能失效,不是可能导致完全失效的潜在失效或退化。因此,如果测试设备用来探测完全失效(如对功能失效的陈述),则这是一个发现失效的任务,应该依据问题 8B/9B 来陈述而不是 8C/9C。

任务 3:检查/功能检查(所有的类别)

对应图 5.4 中问题 5C、6C、7C、8C 和 9C:用检查或功能检查探测功能的降低是适用和有效的吗?

定义:检查是指探测损伤、失效或异常情况的检查。检查包括:

一般目视检查（GVI）

（1）对内部或外部区域、装备或组件进行的目视观察，以寻找明显的损伤、失效或不正常的迹象。这种检查除非另有规定，应该是在可以接触到的距离内进行的。

（2）在检查区域时，为了提高目视检查的可达性，有必要借助镜子来检查暴露表面。

（3）这种检查可以在正常光线条件下进行，如日光、机库内灯光、手电筒或吊灯等。为了更好地接近检查区域，有时可能需要拆掉或打开检查口盖、门，或者需要准备工作台、梯子等。

详细检查（DET）

（1）对特定项目、装备或组件进行的仔细目视检查，以寻找损伤、失效或不正常的迹象。

（2）可借助照明设施。

（3）可能需要辅助设备，如镜子、放大镜等。

（4）可能需要进行表面清洁和复杂的接近手段。

特殊详细检查（SDI）

（1）探测损伤、失效或异常情况的特殊仔细检查。

（2）可能需要专门的检测技术和/或设备。

（3）可能需要复杂的清理、特殊的接近或者必要的接近程序。

注：对于失效影响类别是 5 类和 8 类的任务，通过系统/动力装置逻辑方法得出的 GVI 任务不能合并到区域检查中。这些任务必须同 MSI 确定的任务一起作为单独的 GVI 任务保留。

功能检查（FNC）

功能检查是一种定量的检查，以确定一个项目的一种或几种功能是否在规定的限度之内。

适用性准则：抗失效能力的下降必须是可探测的，并且在功能失效和功能退化情况之间存在合理的稳定的时间间隔。

有效性准则——安全性：为确保安全性，任务必须能降低发生失效的风险。

有效性准则——运行性：该任务必须能降低发生失效的风险到一个可接受的水平。

有效性准则——经济性：该任务必须是有经济效果的，即任务的费用必须低于所预防的失效损失的费用。

任务 4：恢复（所有的类别）

对应图 5.4 中问题 5D、6D、7D、8D 和 9D：降低失效率的恢复任务是适用和有效的吗？

定义：

（1）把一个项目恢复到规定标准所需的工作；

（2）恢复工作可以是单个零件的清洗或更换，也可以是全面的翻修。

适用性准则：项目必须在某个可鉴定的使用期限显示出功能退化的特性，并且该项目的大部分必须能生存到该使用期，还必须能把项目恢复到抗失效能力规定的标准。

有效性准则——安全性：为保证安全性，任务必须能降低发生失效的风险。

有效性准则——运行性：该任务必须能降低发生失效的风险到一个可接受的水平。

有效性准则——经济性：该任务必须是有经济效果的（即工作的费用必须低于所预防的失效造成的费用损失）。

任务 5：报废（所有的类别）

对应图 5.4 中问题 5E、6E、7E、8E 和 9E：避免失效或降低失效率的报废任务是适用的和有效的吗？

定义：

（1）报废就是按规定的寿命限制使项目退役；

（2）报废任务通常适用于单个零件，如滤芯、壳体、简体、发动机盘、安全寿命结构件等。

适用性准则：组件必须在某个可鉴定的使用期显示出功能退化的特性，并且该组件的大部分必须能使用到该使用期。

有效性准则——安全性：为保证安全性，使用安全寿命限制必须能降低发生失效的风险。

有效性准则——运行性：该任务必须降低失效的风险到一个可接受的水平。

有效性准则——经济性：经济寿命限制必须是有经济效果的，即工作的费用必须低于预防失效的费用。

任务 6：综合（仅安全性类）

对应图 5.4 中问题 5F 和 8F：有一种任务或综合任务是适用和有效的吗？

（1）由于这是一个安全性类别的问题，一定要做工作，必须分析所有可能的方法。

（2）为此，需要评审所有适用的工作，通过评审，必须选择出最有效的任务。

注：（1）如果经过第 6 类分析没有有效的工作要做，且具有重要的运行性影响，则可以要求重新设计；

（2）如果经过第 7 类和第 9 类分析没有有效的任务要做，且具有严重的经济性影响，则可以要求重新设计。

　　表 5.1 是综合维修任务的适用性、有效性判断准则。表中每项任务所对应的适用性、有效性要求，也可以作为单项维修任务进行适用性和有效性审查时使用。

表 5.1　任务选择的适用性和有效性判断准则

任务	适用性准则	有效性准则					
		安全性		运行性		经济性	
		FEC 5	FEC 8	FEC 6	FEC 9	FEC 7	FEC 9
润滑或勤务（LUB/SVC）	消耗性材料的补充必须能降低功能的退化速度	该任务必须能降低失效的风险确保飞行安全		该任务必须能降低失效的发生风险到一个可接受的水平		该任务必须是有经济效果的	
操作检查（OPC）	该任务能够确定该项目能否实现它预定的功能，且其失效状况是能够确定的	不适用	该任务必须能保证隐蔽功能的可用性，以降低发生多重失效的风险	不适用	该任务必须能保证隐蔽功能的可用性，以降低发生多重失效对运行的影响	不适用	该任务必须能保证隐蔽功能的可用性，以避免发生有经济性影响的多重失效，并且该任务必须是有经济效果的
目视检查（VCK）	通过目视可识别可能的故障/失效状态	不适用	该任务必须能确定部件的状态，通过该状态可表明该功能是否满足安全运行，以降低发生多重失效的风险	不适用	该任务必须能确定部件的状态，通过该状态可表明该隐蔽功能的可用性，以避免发生对运行性造成影响的多重失效	不适用	该任务必须能确定部件的状态，通过该状态可表明该隐蔽功能的可用性，以避免发生对经济性造成影响的多重失效，并且该任务是有经济效果的
检查/功能检查（INS/FNC）	从退化到失效是可探测的，并且在产生退化迹象到功能失效之间存在合理的稳定的时间间隔	该任务必须降低发生失效的风险，以保证安全使用		该任务必须降低发生失效的风险到一个可接受的水平		该任务必须是有经济效果的，如维修任务的费用必须低于若没有预防而导致失效产生的费用	
恢复（RST）	项目必须在某个可确定的寿命阶段显示出功能退化的症状，并且该项目的大部分必须能生存到该寿命期，还必须能把项目恢复到可靠性规定的标准	该任务必须能降低发生失效的风险，以保证安全使用		该任务必须降低发生失效的风险达到一个可接受的水平		该任务必须是有经济效果的，即任务的费用必须低于若没有预防而导致失效产生的费用	

续　表

任务	适用性准则	有效性准则					
		安全性		运行性		经济性	
		FEC 5	FEC 8	FEC 6	FEC 9	FEC 7	FEC 9
报废（DIS）	项目必须在某个可确定的寿命时能显示出功能退化的症状,并且该项目的大部分必须能生存到该寿命期	该任务必须能降低发生失效的风险,以保证安全使用		该任务必须能降低发生失效的风险到一个可接受的水平		该任务必须是有经济效果的,即维修任务的费用必须低于若没有预防而导致失效产生的费用	

5.2.9　确定任务间隔

作为 MSG-3 分析的一部分,需要遵循适用并有效的原则确定每一条计划维修任务的维修间隔。WG 需要基于已有数据和工程判断,选择最合适的任务间隔。如果缺少特定的失效率数据,任务间隔将很大程度上基于相似系统/部件的服役数据。

1) 确定任务间隔源数据

确定任务间隔时,可以考虑下述信息:

(1) 制造商的试验数据和技术分析;

(2) 制造商的数据与/或供应商的推荐资料;

(3) 客户需求;

(4) 由类似或相同部件和子系统得到的使用经验;

(5) "工程最优估计"法。

为了获得维修任务的"最佳初始"维修间隔,必须根据所有可用的相关数据对维修间隔进行估计。在估计最佳的维修间隔时,应该考虑以下问题:

(1) 在确定有效维修间隔时,其他飞机上的通用/相似的部件/附件/系统有哪些的经验数据?

(2) 为保证更长的检查间隔已采用了哪些设计改进?

(3) 供应商/制造商根据试验数据或失效分析推荐什么样的时间间隔?

2) 任务间隔参数

任务间隔的确定包括数值和选用的任务间隔参数,最为广泛使用的任务间隔参数包括:

(1) 日历日;

(2) 飞行小时;

(3) 飞行循环;

（4）发动机/APU 小时/循环。

对于系统和动力装置的维修任务,一般根据该任务针对失效原因的失效模式来选择合适的间隔参数,由于系统部件的失效主要与飞行小时有关,所以大多任务以飞行小时(FH)来作为检查间隔的参数,但对有些任务,也可以用飞行循环(FC)或日历时间作为间隔参数,对于发动机/辅助动力装置的检查间隔可以用发动机/APU 的工作小时/循环次数来表示。

3）任务间隔选择原则

当确定任务间隔时,可参考如下具体建议。

（1）润滑/勤务(失效的预防)。
- 任务间隔的确定应该以消耗件的使用频率、库存中的消耗件的数量(如果适用的话)和退化特性为基础。
- 当确定退化特性时,要考虑典型的运行环境和气候条件。

（2）操作/目视检查(失效的发现)。
- 隐蔽功能不可用时,要考虑隐蔽功能失效的暴露时间及由其产生的后果。
- 任务间隔应该能减少关联的多重失效至 WG 认可的可接受水平。
- 在发现失效的任务以及其间隔的确定过程中,应该考虑该任务本身使隐蔽功能失效的可能性。

（3）检查/功能检查(潜在失效的发现)。
- 必须确认存在明确定义的潜在失效条件。
- 任务间隔应该比从潜在失效变成可探测失效的时间点开始到退化成功能失效的时间点为止的最短可能时间段要短(如果有现成的失效数据,那么这一间隔可以参照潜在失效到功能失效的间隔)。
- 在这一间隔完成该项维修任务是可行的。
- 从发现潜在失效到发生功能失效的最短时间段应足够长,以便采取适当的措施避免、消除失效或把失效的后果减到最低程度。

（4）恢复和报废(失效的避免)。
- 当出现严重退化以及失效的条件概率明显增加时,恢复和报废间隔应该根据"可确定的寿命"来确定。
- 考虑供应商基于相似部件在役数据推荐的任务间隔。
- 确保大比例的失效发生在该寿命时间之后,从而降低失效过早发生的可能性到可接受的水平。

5.2.10　任务汇总

在本节对当前 MSI 分析的所有任务进行汇总。

5.3 分析要点

5.3.1 燃油箱点燃防护

燃油箱点燃防护一直是局方审查重点。1967 年 6 月 4 日,FAA 发布了 Amdt. 25-11 修正案,对油箱内温度进行了规定,并依据该修正案新增了 25.981 条款"燃油箱温度"。但是在条款颁布并执行之后,仍发生多起重大的因燃油箱内的燃油蒸汽被点燃导致的燃油箱爆炸事故。例如,1996 年执行 TWA 800 航班的 B747-100 飞机爆炸事故,致使机上 230 名人员全部遇难。美国国家运输安全委员会 (National Transportation Safety Board, NTSB)认为,爆炸的可能原因是点燃了中央翼油箱内的可燃燃油/空气混合物。虽然不能确定确切的点火源,但 NTSB 认定,最可能的点火源是中央翼油箱外面的电路短路,使过高的电压/电流通过燃油量指示系统 (FQIS)线路进入燃油箱。在经过几年研究及讨论之后,FAA 于 2001 年 6 月 6 日再次发布了 Amdt.25-102 修正案,将 25.981 条款名称改为"燃油箱点燃防护",增加了预防燃油箱内产生点火源的新要求,并要求制定关键设计构型控制限制(CDCCL),防止维修及改装过程中燃油箱内点火源的预防特征受到破坏,并将这样的 CDCCL 纳入持续适航文件(ICA)的适航限制章节(ALS),同时还增加了燃油箱暴露于可燃蒸汽的运行时间最小化或使燃油箱燃油蒸汽点燃后果最小化的要求。

但是,Amdt.25-102 修正案及新的 25.981 条款颁布生效之后,已经处于研制过程中的飞机或者已经定型生产的飞机如何满足新条款的要求呢? 如果全面满足新条款的要求,可能面临技术上和经济上的极大代价。鉴于此,FAA 于同一天,也就是 2001 年 6 月 6 日发布了题为"Fuel Tank System Fault Tolerance Evaluation Requirements"的特殊规章 SFAR 88,要求 2001 年 6 月 6 日之前提交 TC 正式申请的飞机,可以先由 TC 申请人对飞机燃油箱进行安全性的评估,然后根据评估结果采取不同的措施[9]。对于会导致不安全 (unsafe)状态的燃油箱点燃防护设计特征,必须将其作为 CDCCL,同时制定相应的定期检查项目,确保 CDCCL 完整性和有效性。对于导致非不安全(non unsafe)状态的燃油箱点燃防护设计特征,则通过 MSG-3 方法制定相应的定期检查任务。其逻辑如图 5.5 所示。

因此,IMRBPB 于 2004 年 7 月 16 日发布了 IP 066,研究了如何在 MSG-3 分析中纳入 SFAR 88 的要求,并正式在 2005 版 MSG-3

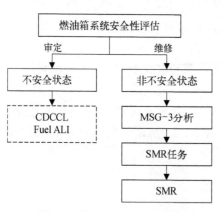

图 5.5 燃油箱安全分析程序

文件的系统/动力装置分析部分增加了一个注,明确要求燃油箱点燃防护相关的设计特征必须在选择 MSI 过程中予以考虑。但需要指出的是,该注实际是源于 SFAR 88 的要求,只适用于在 2001 年 6 月 6 日之前已经取得 TC 或者提交 TC 申请的飞机。对于 2001 年 6 月 6 日之后新研飞机是不适用的,因为这部分飞机必须全面符合 25.981 的条款。按照 25.981 条款的要求,已不再区分所谓不安全状态和非不安全状态,而是全部都要经过安全性分析,识别出 CDCCL 并制定相应的适航限制项目。

综上所述,对于 2001 年 6 月 6 日之前已经取得 TC 或者提交 TC 申请的飞机,必须在特定的 MSI(通常编号为 MSI 28 - 18)中包括燃油箱点燃防护相关的设计特征,并按照 MSG - 3 逻辑开展分析,最终按需制定出相应的维修任务和任务间隔。而 2001 年 6 月 6 日之后的新研飞机,则需制定 CDCCL 及对应的适航限制项目,详见 9.2 节。

5.3.2　区域候选任务转移

对于符合下列要求的任务可以考虑转移到区域检查大纲:
(1) 检查方式为 GVI;
(2) 失效影响类别非 5 类或 8 类。

分析人员应该根据区域候选任务选择标准选择区域候选任务,经系统工作组批准后转移到区域工作组,并在表 M - 7"区域候选项(是/否)?"一栏说明。需要转区域的任务通过协调单的形式进行传递。如果区域工作组接受区域候选项目,则该任务成为区域检查任务,如果区域工作组不接受区域候选项目,则该任务仍作为系统维修任务。

5.3.3　MSG - 3 与审定维修要求的协调

审定维修要求(certification maintenance requirement, CMR)是在飞机审定过程中,作为使用限制而制定的定期检查任务。CMR 任务的制定过程与 MSG - 3 任务完全不同,但 CMR 任务和 MSG - 3 任务有可能会产生相同的任务和任务间隔,因此有必要在两者之间进行协调。这部分内容请参考本书 9.1"审定维修要求"一节。

此外,CMR 任务以往通常作为 MRBR 报告的附录。但根据最新的 IMPS,已不推荐将 CMR 作为 MRBR 报告的附录,而是要作为一份单独的文件。型号合格证申请人如果仍将 CMR 作为 MRBR 报告的附件提交 MRB 一起审批,IMPS 明确要求,MRB 在批准页上须明确表明 CMR 附录不在批准范围之内。

5.4　分析实例

此处以某型国产民用飞机燃油系统 MSI"28 - 12 通气系统"为例,说明系统和动力装置 MSG - 3 分析的整个流程。共设计有 8 张分析表格,分别对应分析流程 5.2.3 节至 5.2.9 节。限于篇幅,分析实例部分内容经过删减。

5.4.1 系统/动力 MSG-3 分析-MSI 选择(M-0)

飞机机型号 M-0		系统 & 动力装置 MSG-3 分析				ATA章节号:28-12-00		
		确定 MSI		MSI 选择		ATA名称:通气系统		
项目编号	名称	失效影响安全(地面或空中)吗?	在正常职责范围内,失效对空勤人员来说是无法发现或不易察觉的吗?	失效有重要的运行性影响吗?	失效有重要的经济性影响吗?	MSI(是/否)	最高可管理层 MSI?	备注
28-12-00	通气系统	是,失效将影响安全性,因为火源可能通过通气系统进入燃油箱,增加油箱点燃风险	是,失效对履行正常职责的空勤人员来说是无法发现的	是,失效对运行性有重要影响,因为签派将受到限制	是,失效对经济性产生重大影响,因为修复活动会合将显著增加动人工工时和材料成本	是	28-12-00	
28-12-01	释压阀	否,失效将不会影响安全性,因为释压阀只会丧失部分冗余,通气系统的其余部分仍能完成通气功能	是,失效对履行正常职责的空勤人员来说是无法发现的	是,失效对运行性有重要影响,因为签派将受到限制	否,失效对经济性不会产生重要影响,因为修复活动不会显著增加人工工时和材料成本	是	28-12-00	

注:表中部分内容有删减。
参考文件:略。

5.4.2 系统/动力 MSG - 3 分析-系统功能描述及特点(M - 1)

飞机型号	系统 & 动力装置 MSG - 3 分析	MSI 章节号: 28 - 12 - 00
M - 1	系统功能描述及特点	MSI 名称: 通气系统

1. 缩略语
机械接口控制文件(mechanical interface control document, MICD)
重要维修项目(maintenance significant item, MSI)
注: 以下有删减。

2. 系统分解
28 - 12 - 00　燃油箱通气系统(fuel tank vent system)
28 - 12 - 01　释压阀(pressure relief valve)
28 - 12 - 03　火焰抑制器(flame arrestor)
28 - 12 - 05　浮子排漏阀(float drain valve)
28 - 12 - 07　浮子通气阀(float vent valve)

3. 概述
图5.6为飞机贮存系统部件安装示意图。左右油箱分别通气至各侧通气油箱,中央翼分别通气至左右通气油箱,具有双通道冗余。

续 表

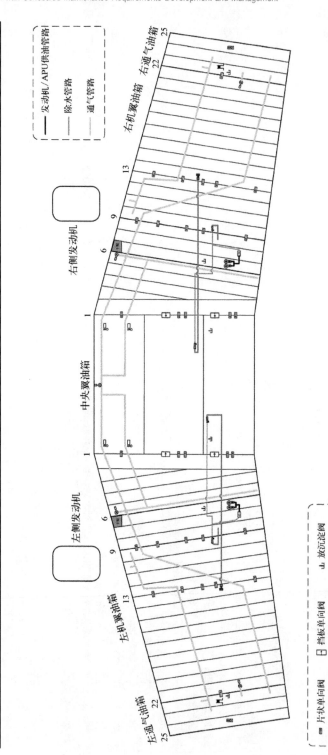

图 5.6　飞机贮存系统部件安装示意

注：以下有删减。

续　表

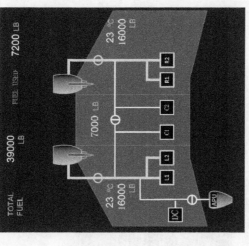

图 5.7　飞机燃油系统简图页

4. 功能介绍

通气系统设计成可保证飞机在地面正常停机、加/放油及正常飞行时，允许空气进出油箱，以保证油箱内外压差不会累积到超过油箱结构所能承受的压力极限值。在正常工作时，油箱压力维持在-4.0~3.5 psig① 范围内。压力加油切断阀失效在开位时，必须保证油箱下部结构所承受的最大正压低于 12 psig。

目前通气管路的尺寸可保证油箱超压或整压符合结构承压要求。

注：以下有删减。

5. 指示信息

飞机燃油系统简图页如图 5.7 所示，其中驾驶舱机组人员提供信息：28-12 燃油箱通气系统在正常运行或者发生故障时没有指示。

6. MSI 接口

28-12 燃油箱通气系统部分部件与结构存在机械接口，主要内容见表 5.2。

表 5.2　燃油箱通气系统与结构之间的接口

部　件	安　装　位　置	接口类型
释压阀	24,25 号肋之间机翼下壁板	机械
火焰抑制器	22,23 号肋之间，NACA 口上	机械

28-12 燃油箱通气系统与其他系统/MSI 存在接口，主要内容见表 5.3。

表 5.3　燃油箱通气系统与其他系统/MSI 之间的接口

接口系统/MSI	接　口　描　述	接口类型
28-11 燃油箱	通气系统平衡油箱内外压力，从而确保燃油箱不会发生过度的正/负压，并防止外部的火焰进入通气管路	机械

7. 设计特点 (design features)

无。

8. 部件介绍

释压阀 (28-12-01)

释压阀是常闭的提升式阀门，安装在左、右通气油箱下壁板接近盖板上。当通气油箱与周围环境的正压力超过限定值时，释压阀打开释压。释压阀的目的是

① 1 psig=6 894.757 Pa。

续 表

在加油切断阀关闭失效时，提供一条排出燃油的通路。释压阀也能在飞行中某些故障导致油箱压力超过限定值时打开通气。飞机上共装有 2 个释压阀，释压阀及其安装如图 5.8 所示。

图 5.8 释压阀和火焰抑制器的典型安装示意图

注：以下有删减。

9. 测试

无。此处描述该 MSI 相关的测试信息。

10. 假设

无。此处列出 AFM、MMEL 等相关的假设。

11. 参考

略。此处列写相关参考文件。

12. 图解

略。此处为图、表列表。

5.4.3　系统/动力 MSG－3 分析-系统组成及相关信息（M－2）

飞机型号	M－2								
				系统 & 动力装置 MSG－3 分析					
				系统组成及相关信息					
部件章节号	部件名称	单机数量	供应商	件　号	相似机型	历史 MTBUR	预测 MTBUR	MTBF	区　域
28－12－01	释压阀	2	Parker	2100125－101	BOEING 767 PN2790475－103	79200	469066	521105	543/643
28－12－03	火焰抑制器	2	Parker	2113041－102	ERJ170 PN2990050	1400000	613991	681756	543/643
28－12－05	浮子排漏阀	4	Parker	2100126－101	ERJ170 PN2990076－102	1318500	84300	93700	140
28－12－07	浮子通气阀	5	Parker	2100127－101	ERJ170 PN2060091－101	1465000	84300	93700	542/642/140

参考：略。此处列出相关参考文件。

5.4.4　系统/动力 MSG－3 分析-功能、失效、影响及原因分析（M－3）

飞机型号	M－3					MSI 章节号：28－12－00
						MSI 名称：通气系统
		系统 & 动力装置 MSG－3 分析				
		功能、失效、影响及原因分析				
	功　能	功能失效	失　效	失效影响		失效原因
1	1A 在飞机各种运营条件下，提供冗余的通气路径以及压力平衡	1A1 不能提供冗余的通气路径	1A1a	1A1a 丧失通气管路的冗余性，可能降低压力平衡的能力		火焰抑制器失效（蜂窝组件堵塞）

续 表

功能		功能失效		失效影响		失效原因	
2	用于防止油箱外部火焰由通气口进入通气系统	1B	不能提供冗余的油箱过压保护	1B1	丧失过压保护的冗余	1A1b	火焰抑制器失效(穿通阀失效在关位)
						1A1c	浮子通气阀失效在关位
						1A1d	浮子排漏阀失效
						1B1a	释压阀失效在关位
		2A	无法阻止火焰经通气口进入通气系统	2A1	NACA口外部有火情况下，可能引燃油箱内燃油蒸汽	2A1a	火焰抑制器失效(蜂窝组件损伤或者变形)

5.4.5 系统/动力 MSG-3分析-失效影响分析(M-4)

飞机型号	系统&动力装置 MSG-3分析	MSI章节号：28-12-00
M-4	失效影响分析	MSI名称：通气系统

功能：1 在飞机各种运营条件下，提供冗余的通气路径以及压力平衡；
失效：1A 不能提供冗余的通气路径以及压力平衡；
影响：1A1 丧失通气管路的冗余性，可能降低压力平衡的能力

续 表

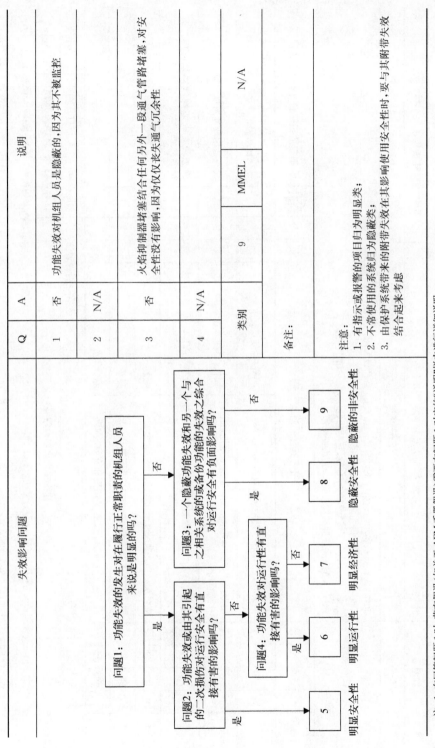

失效影响问题	Q	A	说明
	1	否	功能失效对机组人员是隐蔽的,因为其不被监控
	2	N/A	
	3	否	火焰抑制器堵塞结合任何另外一段通气管路堵塞,对安全性没有影响,因为仅丧失通气通气冗余性
	4	N/A	

类别	9	MMEL	N/A

备注:

注意:
1. 有指示或报警的项目归为明显类;
2. 不常使用的系统归为隐蔽类;
3. 由保护系统带来的附带失效在其影响使用安全性时,要与其附带失效结合起来考虑

问题1:功能失效的发生对在履行正常职责的机组人员来说是明显的吗?

问题2:功能失效或由其引起的二次损伤对运行安全有直接有害的影响吗?

问题3:一个隐蔽功能失效和另一个与之相关系统的设备的功能的失效之综合对运行安全有负面影响吗?

问题4:功能失效对运行性有直接有害的影响吗?

5 明显安全性　　6 明显运行性　　7 明显经济性　　8 隐蔽安全性　　9 隐蔽的非安全性

注: 1. 在回答问题 1 时,若有假设,若有假设(如关于 AFM 手册假设需要在问题 1 对应的"说明"栏内进行详细说明,需要在 MMEL 假设,需要在问题 4 对应的"说明"栏内进行描述,若假设为"是"则 MMEL 项目"需在"MMEL"栏内填写"否"。
2. 在回答问题 4 时,若有 MMEL 假设,若有 MMEL 假设,若假设为"是"是 MMEL 项目"需在"MMEL"栏内填写,若假设为"不是"MMEL 项目"需在"MMEL"栏内填写"否"。

5.4.6 系统/动力 MSG-3 分析-任务选择（M-5）

飞机型号	M-5					系统 & 动力装置 MSG-3 分析	MSI 章节号：28-12-00
							MSI 名称：通气系统

功能：1 在飞机各种运营条件下，提供冗余的通气路径以及压力平衡；
失效：1A 不能提供冗余的通气路径以及压力平衡；
影响：1A1 丧失通气管路的冗余余度，可能降低压力平衡的能力；
原因：1A1a 火焰抑制器失效（蜂窝组件堵塞）

失效影响类别					任务选择	任务选择的问题	是	否	不适用	根据适用性和有效性准则回答
5	6	7	8	9						
A	A	A	A	A	润滑/勤务	A 润滑或勤务工作是适用和有效的吗？		√		没有适用的润滑/勤务任务，因为没有消耗品需要补充
A	A	A	B	B*	操作/目视检查	B* 用操作或目视检查未探测隐蔽的失效是适用和有效的吗？		√		没有适用任务发现此故障模式
C	C*	C*	C	C*	检查（GVI/DET/SDI）/功能检查	C* 用检查或功能检查探测功能降低是适用和有效的吗？	√			详细检查火焰抑制器是适用且有效的
D	D*	D*	D	D*	恢复	D* 降低失效率的恢复工作是适用和有效的吗？			√	
E	E*	E*	E	E*	报废	E* 避免失效或降低失效的报废工作是适用的吗？			√	
F	F	F	F	F	综合工作	F 有一种工作或综合工作是适用和有效的吗？			√	

任 务 号	任务类型	任 务 描 述	失效影响类别	区 域	接近方式	适用性
28-12-00-01	DET	详细检查火焰抑制器	9	543/643	543AB/643AB	ALL

注：对标注*的问题，如果回答为"是"则不需要继续对下面的问题提问；如果回答为"否"则需要进一步对下面的问题提问以确定检查任务。对没有标注*的问题，无论回答为何，均需对下一个问题提问。
以下省略了 1A1b,1A1c,1A1d 三个失效原因的 M-5 表，以及功能 2 的分析表格。

5.4.7　系统/动力 MSG－3 分析-任务间隔确定(M－6)

系统 & 动力装置 MSG－3 分析	任务间隔确定	MSI 章节号：28－12－00
		MSI 名称：通气系统

飞机型号	M－6		
适用性：All			
任务号：28－12－00－01 详细检查火焰抑制器			
分析结果	推荐间隔：7000FH/24MO		
相似机型			
系统工程师评估建议	供应商推荐值：10000FH		
工作组建议	7000FH/24MO		
局方建议	同意任务间隔为 7000FH/24MO		
其他	N/A		
Remarks： 任务简要步骤： 1. 确认火焰抑制器蜂窝结构没有损伤或者变形； 2. 确认蜂窝结构没有堵塞； 3. 确认夯通活门能自由活动；			
任务描述	详细检查火焰抑制器		
失效影响类别	9,8		
间隔	7000FH/24MO		

5.4.8 系统/动力 MSG - 3 分析-任务汇总(M - 7)

飞机型号			系统 & 动力装置 MSG - 3 分析					MSI 章节号: 28 - 12 - 00	
M - 7			任务汇总					MSI 名称: 通气系统	
任务号	任务类型	任务描述	功能-失效-影响-原因	失效影响类别	间隔	区域	接近方式	适用性	区域候选项(Y/N)?
28 - 12 - 00 - 01	DET	详细检查火焰抑制器	1A1a 1A1b 2A1a	9 9 8	7000FH/ 24MO	543/643	543AB/ 643AB	ALL	N
28 - 12 - 00 - 02	OPC	操作检查释压阀	1B1a	8	24MO	543/643	543CB/ 643CB	ALL	N

注:

第6章　结构 MSG - 3 分析

.
.
.

6.1　概述

　　飞机结构由所有承载部件组成,主要包括机翼、机身、尾翼、发动机安装节、起落架、飞行操纵面和相应的连结点。结构分析的目的之一是制订有效的飞机结构计划维修要求,在飞机使用寿命期内,以探测和预防由疲劳、环境损伤或偶然损伤引起的结构恶化,以经济的方式保持飞机整个运行寿命的固有适航性。为此,检查必须满足源于偶然损伤(AD)、环境退化(ED)和疲劳损伤(FD)评估的探测要求。偶然损伤是来自地面或货物作业设备、人为失误、雨水冰雹、闪电雷击、跑道碎片等损伤源的损伤,环境退化是由于气候或环境的电化学作用而引起的结构强度退化,疲劳损伤是初始裂纹由于交变载荷而造成的裂纹持续扩展。在适用的情况下,确定计划维护要求时还应考虑其他损伤/退化来源,例如磨损等。

　　在结构 MSG - 3 分析中,根据结构失效后果对飞机安全性的影响,可将结构分类为:重要结构项目(SSI)和其他结构项目。不属于重要结构项目的飞机结构项目称为其他结构项。在飞机适航审定中,还存在主要结构件(PSE)的概念,是指对承受飞行载荷、地面载荷、增压载荷和操纵载荷有重要作用的任何元件,它们若破损,其后果将是灾难性的。所有的 PSE 都必须体现在 SSI 中。

　　SSI 应进行 AD/ED/FD 分析。AD/ED 分析是通过基于评级系统的评估方法来完成的。MSG - 3 流程内的 FD 分析则是对损伤容限分析结果的可达性评估,损伤容限分析结果由 TC 申请人应力工程部门出具并应在飞机型号审定过程中得到批准。如果非金属材料结构被设计成能够在正常的载荷下排除有害损伤增长(有害损伤增长被定义为使结构的承载能力降低到可接受水平之下的增长),并通过试验验证,不应要求进行与 FD 探测相关的检查,但是仍要进行 AD/ED 分析,对于复合材料偶然损伤后的抵抗结构持续退化能力将在偶然损伤评级过程中予以考虑[10]。

6.2 分析流程

下面给出了确定 SSI 以及制定环境退化(ED)、偶然损伤(AD)和疲劳损伤(FD)检查要求的程序。

制订结构计划维修要求的程序如图 6.1~图 6.5 所示,具体说明如下。

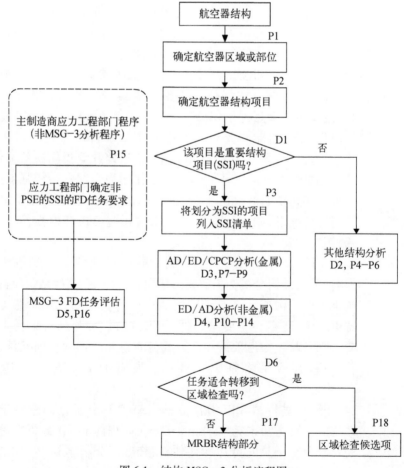

图 6.1 结构 MSG-3 分析流程图

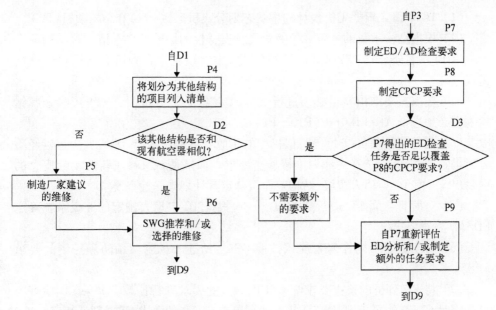

图 6.2　其他结构分析流程图　　　　　　　图 6.3　AD/ED(金属)分析流程图

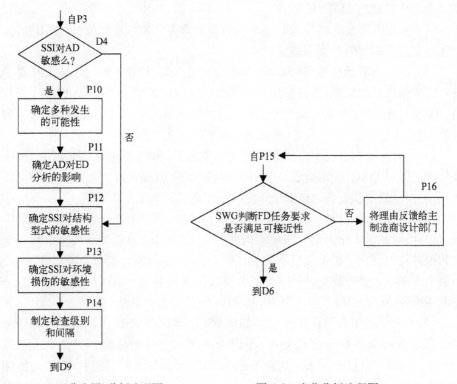

图 6.4　AD/ED(非金属)分析流程图　　　　　图 6.5　疲劳分析流程图

（1）TC 申请人根据飞机设计构型状态划分飞机区域（P1）和结构项目（P2）。

（2）根据结构项目的失效或故障对飞机安全性的影响，TC 申请人对结构项目分类（D1）并划分 SSI（P3）或其他结构（P4），重复该程序直到所有结构项目分类完成。

（3）金属重要结构项目必须进行 AD/ED/CPCP 的分析（P7-P9），非金属结构项目必须进行 AD/ED 分析（P10-P14）。

（4）其他结构项目（P4）与相似机型的相似项目进行比较（D2），并由运营经验分析得到推荐和/或选择的计划维修检查要求。如果是新材料或新的设计概念的项目（P5），由 TC 申请人建议、结构工作组确定其计划维修检查要求。

（5）对所有金属 SSI 进行 AD/ED 分析，根据 TC 申请人制定的评级系统确定 ED/AD 检查要求（P7）。

（6）对于金属结构件 SSI，应该按照 CPCP 所述考虑腐蚀预防和控制的要求（P8）。

（7）将 ED 分析的检查要求与 CPCP（D3）的要求进行比较。如果 ED 检查要求能满足 CPCP 的要求，则用 ED 任务即可覆盖 CPCP 的要求，无需额外制定 CPCP 任务。如果 CPCP 要求不能被 ED 检查要求满足，则需要审查 ED 检查要求并考虑制定额外和单独的 CPCP 任务（P9）。

（8）对所有非金属结构 SSI，根据复合材料重要结构项目的位置、损伤源、损伤位置确定其是否对偶然损伤敏感（D4）。

（9）归类为对偶然损伤（AD）敏感的含有非金属结构的 SSI，评估其暴露于每种可能的损伤源的频率，多种发生的可能性（P10）及其对环境退化（ED）分析的影响（P11）。当针对 SSI 进行结构形式（P12）的敏感性和对环境的敏感性（考虑到材料类型）（P13）评估时，如需要，考虑 AD 对 ED 分析的影响。

（10）为所有的含有非金属结构的 SSI，应由 TC 申请人应力工程部门做损伤容限分析并确定 FD 任务的制定及时探测损伤（如分层和脱胶）的任务要求（P14），TC 申请人应制定非金属结构 SSI 分析的评级系统来确定这些要求。

（11）TC 申请人根据设计原则来确定重要结构项目是损伤容限设计还是安全寿命设计；对属于安全寿命的重要结构项目（如起落架），TC 申请人确定其安全寿命期限并且包括在飞机持续适航限制说明中，这部分内容在型号审定过程中体现，不属于 MSG-3 分析范畴。但安全寿命项目仍然需要进行 AD/ED/CPCP 分析并可能需要 AD/ED/CPCP 任务（P20）以确保其达到安全寿命限制。

（12）对于损伤容限设计的 SSI，如该 SSI 同样属于 PSE，其对应的 FD 任务应包括在飞机持续适航限制说明中，不属于 MSG-3 分析范畴。如该 SSI 不属于 PSE，其对应的 FD 任务应提交结构工作组审议，评估任务的可达性（D5）。如评估结论为不可接受，则应反馈给 TC 申请人设计部门（P16），通过改进检查口盖和/或重新设计该重要结构项目。如果 TC 申请人认为这种办法不可行,则该重要结构项目应该归入安全寿命类。

（13）对于 AD／ED／FD 分析产生的所有检查要求,进行区域转移评估（D6）,划为区域检查候选项（P18）或列入结构维修审查委员会报告（MRBR）的结构章节（P17）中。

（14）区域候选项应提交区域工作组审议,如果该检查要求被区域工作组评估后接受,则该任务被区域任务覆盖;如果区域工作组不接受,该区域候选项仍应产生结构检查任务并列入 MRBR 的结构检查部分。

（15）所有重要结构项目及其他结构项目的计划维修要求,应提交工业指导委员会批准。

（16）为了及时探测机队的疲劳损伤和环境损伤情况以及验证计划维修要求的合理性,可以对同一机型中飞行循环最多的和机龄最长的飞机进行适当抽样检查。

6.3　SSI 的选择

确定所有的结构项目,然后按照 SSI 的定义对项目进行分类。SSI 是指对于承受飞行载荷、地面载荷、增压载荷或操纵载荷具有重要作用的任何结构细节、结构元件和结构组件,并且它们的失效可能影响保证飞机安全性所必需的结构完整性。另外,以下原则在定义 SSI 时需要考虑:

（1）所有 PSE 应体现在 SSI 内;

（2）两个 SSI 元件的连接部分,属于单一传力路径的结构（包括紧固件）也应被定义为 SSI;

（3）如果结构件在飞行中的失效或脱离可能通过二次损伤影响到飞行和降落的安全,则该结构件应被定义为 SSI。

一般被划分为 SSI 的典型的结构项目/元件如下。

（1）主要元件间的连接件。

（2）需要润滑以防止磨损的静态连接。

（3）疲劳敏感区域,如:

　　— 应力集中区域;

　　— 非连贯性区域;

　　— 预紧力连接件（尤其是那些受到循环拉力/压力的连接件）;

　　— 对（搭）接件;

　　— 主要接头;

　　— 蒙皮开口区域;

　　— 门和窗的四周结构；

　　— 有可能出现多条裂纹的结构。

（4）腐蚀敏感区域,如在厨房和厕所下面结构、下机身底部结构和承受应力腐蚀的项目。

（5）易受到外部原因和维修活动造成偶然损伤的项目/区域,如：

　　— 出口或承载门的附近；

　　— 靠近维修频繁或腐蚀液体泄漏的区域的项目/区域。

（6）安全寿命项目。

不属于重要结构项目的飞机结构项目称为其他结构项。

所有 SSI 应由结构工作组确定,形成 SSI 清单并提交工业委员会审议。

6.4　确定评级系统

　　确定结构的检查间隔是结构计划维修要求的核心。在民机的设计阶段,确定维修间隔的方法主要包括：矩阵法、根据使用可靠性数据确定系统维修间隔的方法（参数法和维修建模方法）以及基于案例推理（case-based reasoning, CBR）方法。

　　确定民机结构的间隔,一般可采用矩阵法,这是一种从国际 MSG-3 分析标准基础上发展起来的方法。矩阵法就是从多维问题的事件中,找出成对的因素,将属于因素群 L 的因素 L_1, L_2, $\cdots$, L_i, $\cdots$, L_m 和属于因素群 R 的因素 R_1, R_2, $\cdots$, R_j, $\cdots$, R_n 分布排列成行和列,构成一个矩阵图（matrix chart）,然后在行和列的交点上表示 L 和 R 各因素关系的图,即以矩阵图中行和列的交点作为构思的要点来有效地解决问题的方法就是矩阵法。它是一种通过多因素综合思考、探索问题的方法。不同的民用飞机,设计原则和运营环境等不同,其具体的矩阵法就会有所差异。

　　一般而言,确定重要结构项目的计划维修要求,需要考虑的因素有偶然损伤（AD）、环境退化（ED）等。不同的民用飞机,设计原则和运营环境等不同,其矩阵算法采用的具体分析指标会有所不同,AD/ED 评级系统矩阵示意可见表 6.1。

表 6.1　评级系统矩阵

AD/ED 指标		R			
		R_1	R_2	$\cdots$	R_n
L	L_1				
	L_2				
	$\cdots$				
	L_m				

6.5 金属结构 AD 分析

6.5.1 基本概念

AD 是指飞机结构可能受外来物体接触或碰撞,不适当的使用或维修活动引起的损伤影响。偶然损伤是由一些偶然事件出现引起的而导致结构固有剩余强度降低的损伤。在飞机的寿命期内偶然损伤出现的概率一般情况下是不变的。损伤的来源包括飞机和系统的内部和外部的任何影响,它们可归为两类:

(1) 制造缺陷(在装配期间);

(2) 在使用和维修活动中引起的偶然损伤。

大尺寸的偶然损伤,像发动机非包容性损坏、鸟撞或地面设备的碰撞等引起的大范围偶然损伤是容易检测的,因此不需要进行计划维修工作的评定。

虽然相同的偶然损伤来源会在金属材料和非金属材料中予以考虑,但鉴于对此种损伤不同材料的不同表现,相关的分析将各自进行。对于本节分析而言,仅考虑出现的不明显随机类型的损伤,它会减少结构项目的剩余强度水平。为了提高分析效率,必须考虑以下方面:

(1) 损伤的可能性(likelihood,LK);

(2) SSI 可见性(visibility rating,VR);

(3) 损伤的敏感性(sensitivity to damage,SD);

(4) 损伤后的剩余强度(residual strength,RS)。

如经过分析,结构受偶然损伤的可能性极低,AD 分析可无需产生检查要求。

6.5.2 评级指标

1) 损伤可能性指标

损伤的可能性指标与偶然损伤的可能性有关,它基本是按照 SSI 的位置确定。确定等级所作的选择是根据制造商、适航当局和运营人在相同区域类似部位的经验来确定。损伤的可能性主要取决于以下损伤源。

(1) 地面操作设备。地面操作设备包括勤务加水车、加油车、客梯车、污水车、电源车、食品车、拖车、摆渡车、除防冰车等维护车辆,登机梯、工作梯、千斤顶等以及相关维护工作使用工具等,应当考虑正常操作和人为操作失误或设备故障等各种可能因素。

(2) 货运设备。货运设备损伤应当考虑正常操作和人为操作失误或设备故障等各种可能因素。

（3）人为失误。人为因素主要包括飞机的制造、维护、（飞机本身的）运行、乘客活动以及其他未被包含在上述损伤源里面的因素。这些应当考虑人为操作失误或设备故障等各种可能因素。

（4）雨水/冰雹。考虑飞机遭受雨水或冰雹导致损伤的可能因素。

（5）跑道的碎片（残骸）。考虑飞机由跑道的碎片、残骸撞击而导致的损伤。

（6）雷击。考虑飞机由雷击导致的损伤。

（7）离散性泄漏。考虑由于离散性泄露事件对 SSI 带来损伤的可能性。例如：电瓶区域（酸液泄漏）。对于在运营过程中频繁发生（在维修间隔内可能一次或多次）的泄露，作为 ED 损伤源考虑。

（8）其他。依据具体分析区域确定。

上述偶然损伤源指标为并列关系，损伤可能性指标应与可能性最高的损伤源一致。如果结构对于上述所有偶然损伤源的可能性均为最低，可认为该结构对于偶然损伤不敏感，可无需偶然损伤检查要求。

2) SSI 可见性

SSI 的可见性影响检查难易程度，检查的准确性和及时性。确定可见性指标等级需要考虑以下因素：

（1）口盖尺寸；

（2）眼睛与 SSI 之间的距离；

（3）设备稠密度。

可见性指标由上述因素综合考虑得出。

3）损伤敏感性

金属结构偶然损伤的敏感性指标与损伤扩展敏感性有关，根据应力水平和 SSI 的材料特性建立。它反映了损伤与应力结合在一起时结构的响应程度，它取决于材料的性质（如断裂韧性）和工作应力的大小。

（1）应力水平。应力水平反映工作载荷产生的名义工作应力强度，而平均应力和应力变化幅度决定了疲劳加载循环的强度。其评级指标的确定，应以强度报告为依据。

（2）断裂韧性。断裂韧性是金属材料承受裂纹扩展和应力的能力，属于材料本身特性。在标准试验中，断裂韧性要考虑作为不稳定损伤扩展的应力集中的影响。

4）剩余强度

剩余强度指标与损伤尺寸和临界损伤尺寸有关，其等级的选择是根据制造商的工程判断来确定。

6.6　金属结构 ED 分析

6.6.1　基本概念

金属结构环境退化主要是由应力腐蚀和其他腐蚀引起的。应力腐蚀和其他腐蚀一般是由日历时间和运营时间确定,其特点是由不利环境造成结构功能恶化。所以除考虑材料对应力腐蚀和其他腐蚀的敏感性及对结构组件采用的保护措施外,还要考虑飞机结构可能受其暴露在不利环境中引起的影响和 SSI 的可见性。

6.6.2　评级指标

金属结构环境退化分析应考虑下述四个指标。

1) SSI 可见性(VR)

与 AD 类似,为满足检查所要求应提供适当的接近通道要求。确定可见性指标等级需要考虑以下因素:口盖尺寸、眼睛与 SSI 之间的距离、设备稠密度。

2) 腐蚀敏感性(sensitivity to corrosion,SC)

腐蚀敏感性指标是根据材料、热处理、SSI 的制造工艺和预紧力状况来确定的。其等级是根据制造商的经验和工程判断,通过填写应力腐蚀、晶间腐蚀、点腐蚀、均匀腐蚀、电偶腐蚀以及其他腐蚀敏感性指标评级表的形式来完成的。

(1) 对应力腐蚀的敏感性。应力腐蚀的敏感性与 SSI 的加工、成型、焊接、装配、处理的制造过程所造成的晶间腐蚀有关(包括晶粒方向、应力感应、材料的各向异性等)。应力腐蚀敏感性与材料本身特性与结构的受力方向特性都有关系。

(2) 对非应力腐蚀的敏感性。非应力腐蚀的敏感性与不同材料的内在特性有关。一般情况下,材料也可能与一种或多种形式的腐蚀相关。这些腐蚀包括晶间腐蚀、点腐蚀、均匀腐蚀、电偶腐蚀等。

3) 环境保护性(protection rating,PR)

环境保护性指标是根据在 SSI 设计中考虑的保护系统和相似机型保护系统的应用经验来确定。其等级范围的选取是根据保护等级表和 TC 申请人、适航当局以及运营人的经验和下列因素的判断来确定。

(1) 保护类别:其与结构元件和紧固件(表面处理和喷漆)保护涂层的种类有关。

(2) 界面密封:根据腐蚀观点,其与两种不同材料的接触可能性有关。

(3) 填角密封:其与两个或多个装配件的地方发生电化学反应有关。

(4) 防腐蚀抑制剂的应用:其与增加抗腐蚀能力有关。

(5) 紧固件湿安装:与在两种不同金属的接触及电解反应发生的可能性

有关。

4）环境(environment, EV)

环境指标与所暴露的不利环境或气候有关。该等级范围的选取是根据 TC 申请人、适航当局和运营人的经验确定。

(1) 电解反应和灰尘积聚的概率：与组件发生电解反应的趋势，组件的相对位置、组件的几何形状以及灰尘积聚的概率有关。

(2) 湿气的出现：与飞机内部出现高湿度区域的可能性有关。湿气可能是飞机在地面使用期间或者由于水蒸气凝结而进入飞机。

(3) 泄漏的概率：与飞机使用期间液体泄漏的概率有关。一些区域或多或少地会出现泄漏。例如，在结构检查间隔内经常发生的厨房液体泄漏需要评估环境对结构的影响；但是比较罕见的电池酸液泄漏等导致的腐蚀则在偶然损伤中进行评估。

(4) 异常情况：主要指由于诸如振动、磨损等异常情况的出现造成的保护层恶化的概率。

6.7 腐蚀预防与控制大纲(CPCP)

CPCP 的目的和要求是将腐蚀控制在一级或更好的水平。所有基于损伤容限或在安全寿命设计的金属结构 SSI 项目都要考虑 CPCP 要求。在 ED 的分析评级过程中需要考虑各部分的材料、结构特点及工作环境，判定腐蚀出现的可能性及可检性等。根据实际维护经验或相似结构资料判断 ED 分析的结果能否满足 CPCP 的要求，如果满足，则 CPCP 要求可以被 ED 任务覆盖，否则应有附加的 CPCP 要求。

1 级腐蚀定义：发生在相继两次腐蚀检查任务之间，且在容许极限内的腐蚀；或发生在相继两次腐蚀检查任务之间的腐蚀，且不需要结构加强、替换或基于损伤容限的新检查任务；或发生在相继两次腐蚀检查任务之间，且超出了容许极限的腐蚀，但不是运营人同一机队其他航空器可能发生的典型腐蚀情况；或重复发生在相继两次腐蚀检查任务之间的轻微腐蚀，且最终需要结构加强、替换或基于损伤容限的新检查任务。

允许腐蚀的限制范围由制造商在相关文件中给出定义。术语"轻微腐蚀"应有明确的标准，而且由制造商确定并且在适当的维修文件中公布。两次腐蚀检查任务之间，超出 1 级腐蚀是不允许的，而且每个适用的制造商工程文件都会要求修复。运营人要调整他们的计划维修要求来控制腐蚀损伤在 1 级或在更好的水平上。

除判断 ED 检查要求是否可以覆盖 CPCP 要求外，在实施结构计划维修要求中所规定的检查任务时,需考虑实施适用的和必要的 CPCP 基本工作,以满足腐蚀控制要求。

CPCP 基本工作一般包括:

(1) 拆卸所有必要的系统、设备、内饰(例如:盥洗室、厨房、内层、绝热隔声层等)以完成工作 3,除非在工作说明中有特定的说明,或者出现腐蚀迹象,或者衬套已经移动,否则不必拆卸衬套;

(2) 在检查之前,应该进行必要的清洁工作以完成工作 3。除非密封剂/填缝剂已恶化到潮气可渗入金属的程度,否则不必清除。轻微、均匀的腐蚀抑制化合物(corrosion inhibitor compound, CIC)涂层若没有积聚灰尘和碎片,正常情况下不会影响结构检查,因此不用清除。若是多层涂层和/或已积聚灰尘或碎片,则需要清除 CIC;

(3) 目视检查基本大纲上列出的所有的重要结构件和其他结构项时,应注意腐蚀的早期状况或裂纹等异常迹象。特别注意任务号相同的区域,经验表明此类区域可能会发生腐蚀;特别注意一个单独任务号标识并确认有腐蚀的区域,假如有隐性腐蚀的迹象,比如蒙皮隆起、接合处或接头下的腐蚀等,则要在拆卸局部部件后使用附加的详细检查或目视检查;

(4) 如有必要,要除去所有的腐蚀、损伤、修理或更换所有的异常结构,包括表面涂层的处理;

(5) 清除任何可能阻塞排水系统的堵塞住的孔洞或间隙;

(6) 按需使用适当的、经批准的腐蚀抑制剂;

(7) 在重新安装或更换新件之前,视情烘干湿的绝热隔声层。

6.8 金属结构 FD 分析

6.8.1 基本概念

疲劳损伤(FD)就是由循环载荷引起的裂纹或裂纹组的萌生及其扩展。疲劳损伤是飞机使用(飞行循环)过程损伤持续累积的结果。对疲劳损伤进行的疲劳和损伤容限分析是定量的分析,得到裂纹扩展、剩余强度和可探测性数据。安全寿命项目无需 FD 分析。

所有基于损伤容限设计的 SSI 均需要由应力工程部门进行损伤容限分析并得出疲劳检查要求。所有 SSI 中非安全寿命项目和非 PSE 项目的疲劳检查任务,将列入 MRBR,安全寿命项目和 PSE 项目的维修/检查要求列入适航限制文件。

6.8.2 FD 分析要求

在 2015 版及之前的 MSG - 3 规范中,FD 分析的工作流程及职责划分不明晰,与适航限制项目相关的适航取证流程产生了交叠。因此,根据 IP171、2018 版的 MSG-3 规范对 FD 分析流程进行了大幅度修改,将适航限制方面的内容从 MSG-3 分析流程中剥离,仅保留了结构 MRB 任务相关内容。

所有 SSI 的 FD 任务要求均由应力工程部门制定,其中属于 PSE 的 SSI 的 FD 任务要求列入适航限制文件,不在 MSG-3 分析流程内,不属于 PSE 的 SSI 的 FD 任务要求按照图 6.5 所示流程,由结构工作组判断该 FD 任务要求是否满足可接近性。不满足要求的 FD 任务应提交应力工程部门考虑重新制定任务或更改设计,满足要求的 FD 任务则进入区域转移判断流程。

6.9 金属结构的检查方法及间隔确定

6.9.1 内部/外部

根据 SSI 的位置和可达性,检查工作可以分为内部和外部。

外部(从飞机检查角度而言):

(1) 不需打开或拆卸飞机上的任何部件(包括接近盖板)即直接可见;

(2) 或者通过飞行操纵面的偏转即直接可见;

(3) 或者按需打开常开舱门(旅客登机门、旅客服务门、货舱门等)即直接可见。

内部: 意味着只有打开或者拆开部件或者使用特定工具进行的内部检查(例如,内窥镜)。

6.9.2 检查门槛值

1) AD 产生的任务

所有 AD 产生的任务的检查门槛值一般取为重复检查间隔值。这个检查门槛值可根据机队的使用经验进行修订。

2) ED 产生的任务

所有 ED 产生的任务的检查门槛值根据设计数据或相似机型的使用维护经验确定,或保守地取为重复检查间隔值。这个检查门槛值可根据机队的使用经验进行修订。

3) FD 产生的任务

疲劳损伤检查门槛值由 TC 申请人应力工程部门根据疲劳和损伤容限分析结果确定,并根据使用经验、补充的试验或工程分析进行修订。

4) 其他结构项目任务

门槛值根据参考相似机型类似结构使用经验或由 TC 申请人推荐确定。

6.9.3　重复检查间隔

1）重要结构项目

（1）环境退化和偶然损伤的检查间隔。对于环境退化和偶然损伤检查任务，其检查间隔是分别根据 ED 评级和 AD 评级来确定。TC 申请人应推荐并经审议形成评级对应的间隔框架，并按照框架和评级结果确定检查间隔。

注 1：考虑不同区域或结构间的差异，间隔框架可以对应不同结构部段进行差异化设置。

注 2：ED 评级间隔框架和 AD 评级间隔框架可以选择不同的限制参数（日历时、飞行循环等），但各等级的间隔值应保持协调以保证后续的任务合并流程的操作性。

注 3：金属结构进行 ED/AD 分析不代表一定会产生 ED/AD 检查要求，应依据 TC 申请人经批准的程序执行。

（2）疲劳损伤的检查间隔。对于疲劳损伤的检查任务，其检查间隔是根据疲劳和损伤容限分析结果来确定。

2）其他结构项目

参考相似机型类似结构使用经验或由 TC 申请人推荐确定。

6.9.4　检查方法

对于 AD 分析任务，应基于设计特征和工程经验给出推荐的检查方法，经 WG 讨论后提交 ISC 批准。设计特征包括接近口盖尺寸、眼睛与检查对象间距离、光照情况、有无遮挡等。

对于 ED 分析任务，除考虑结构的设计特征外，还应考虑可能发生的腐蚀的类型。下面给出了可供参考的腐蚀类型与检查方法的对应关系。

（1）应力腐蚀：详细检查；

（2）点蚀：详细检查；

（3）晶间腐蚀：详细检查或一般目视检查；

（4）剥蚀：详细检查或一般目视检查；

（5）缝隙腐蚀：一般目视检查；

（6）微生物腐蚀：一般目视检查；

（7）电偶腐蚀：详细检查或一般目视检查；

（8）磨蚀：详细检查。

6.10　非金属结构分析流程

非金属结构检查任务需要考虑环境退化和偶然损伤（主要损伤源）。非金属结构(例如合成物和黏合剂)的退化,需要考虑环境对损伤扩展的影响,例如温度对脱黏或者分层的扩展、液体或湿气对渗透性材料的影响。非金属材料检查程序应考虑以下评级参数。

6.10.1 非金属结构构成与材料特性

非金属(复合材料)结构的成分或者构成是主要考虑的因素。

从结构形式分,非金属材料结构主要包括:

(1) 夹芯结构,外层复合材料板加内层夹心(蜂窝、泡沫等),其对液体或湿气进入比实心层压结构更敏感;

(2) 层压结构,全复合材料板压制,对环境的敏感性较低。

从结构材料分,非金属材料结构主要包括:

(1) 玻璃纤维增强塑料(GFRP),其长期直接暴露于紫外线下会导致退化,其他情况下对环境敏感性较低;

(2) 碳纤维增强塑料(CFRP),其对环境的敏感性较低。

6.10.2 偶然损伤评级

偶然损伤是由外来物体的接触、碰撞或者维修过程中的人为失误造成的部件损伤,会降低剩余强度的固有水平。损伤源包括:

(1) 地面操作设备,由地面操作设备而造成的损伤;

(2) 货运设备,由货运设备而造成的损伤;

(3) 人为失误,由飞机制造、维修和/或飞机运营过程中的人为失误(不包括在其他损伤来源中的)而造成的那些损伤;

(4) 雨水、冰雹等,由雨水、冰雹等而造成的损伤;

(5) 跑道的碎片、残骸,由跑道的碎片、残骸而造成的损伤;

(6) 雷击,由雷击而造成的损伤;

(7) 泄漏,由离散性泄漏事件造成的损伤;

(8) 其他因素,由其他因素造成的损伤。

复合材料结构损伤可能性/敏感性评级是在考虑损伤可能性的同时,兼顾损伤的敏感性来确定每个损伤源的可能性/敏感性等级。

6.10.3 环境退化评级

对于非金属结构,必须要考虑造成复合材料损伤的具体环境因素,包括以下几种:

(1) 紫外线影响,部件暴露在空气中的紫外线的概率;

(2) 液体或湿气出现,与飞机内部出现高湿度区域的可能性有关。湿气可能是飞机在地面使用期间或者由于水蒸气凝结而进入飞机；

（3）泄露影响，部件周围出现腐蚀性液体的可能性；

（4）温度影响，飞机交付使用后在高温或低温中使用或维修带来的机械特性出现的恶化；

（5）异常情况，主要指由于诸如磨损、振动等异常情况的出现引起的保护层恶化。

综合考虑环境因素出现的可能性和结构对其敏感性程度，确定环境因素的可能性/敏感性等级。非金属结构的具体组成（结构材料和形式）是确定结构环境退化敏感性的关键因素。

6.10.4　检查方法及间隔确定

非金属结构检查要求的内部/外部区分与金属结构相同。是否需要产生检查任务或检查任务的间隔应依据 TC 申请人经批准的程序执行。除考虑结构设计特征外，下面给出了可供参考的检查方法的对应关系。

（1）紫外线：详细检查或一般目视检查。

（2）液体或湿气：详细检查或者特殊详细检查。

（3）泄露：详细检查或一般目视检查。

（4）温度：详细检查或一般目视检查。

（5）异常情况：一般目视检查。

6.11　磨损及转移

磨损是零部件表面由于相对运动产生的物理损耗现象。磨损主要发生于衬套、轴承、止动块、闩、锁、滑轨、导向件、套筒、凸轮、滚轮、钢索、滑轮或地板等。磨损可以是两个接触部件的系统性损伤，也可以是两个一般不接触或不应有相对运动的部件的随机性损伤。

如分析结构存在磨损现象，应该在分析过程中注明，并建立磨损问题转移控制表，提交给系统工作组。同时，磨损导致的对结构环境退化的影响仍应在结构分析中考虑。

6.12　任务的转移与合并

6.12.1　金属 AD、ED、CPCP 检查要求合并

针对相同的分析对象，在经过 AD、ED、CPCP 分析后，可能同时存在 AD、ED、

CPCP 检查要求,为简化表述和避免重复操作,需进行检查要求的合并。

各项检查要求逐项合并形成最终检查任务,一般来说,合并后的检查任务应以要求最严格的检查方法、门槛值、重复检查间隔和间隔限制参数为准。如一般目视检查可以被详细检查覆盖;12000FC 的检查门槛值或重复检查间隔可以被 6000FC 的检查门槛值或重复检查间隔覆盖;12000FC 的检查门槛值或重复检查间隔可以被 12000FC/96MO 的检查门槛值或重复检查间隔覆盖。考虑到特殊详细检查的检查针对性与其他检查要求并不完全相同,其一般不覆盖其他检查方法或被其他检查方法覆盖。

如果合并后的检查任务会明显增加实际任务执行的工作量及成本,则可以保留合并前的状态作为检查任务。

6.12.2　区域候选项及转移

为了避免结构维修任务与区域维修任务的重复执行导致的过度维修,需要考虑将结构检查任务转移到区域,用区域检查任务覆盖。

考虑到区域检查任务的检查要求,符合下列要求的任务可以考虑作为区域候选项:

(1) 检查方式为 GVI;

(2) 无 CPCP 要求。

区域候选项经结构工作组批准后转移到区域工作组,由区域工作组进行审议,如果区域工作组接受区域候选项目,则该任务被区域检查任务覆盖,无需产生结构检查任务,如果区域工作组不接受区域候选项目,则该任务退回结构工作组,仍作为结构检查任务。

6.12.3　检查任务合并

为方便检查任务的执行,对于不是区域候选项或者被区域工作组退回的结构检查任务,可以把同一或相邻区域的,并且检查方法、接近方式和检查间隔相同的检查任务进行合并形成一个 MRBR 任务,并汇总所有合并后的 MRBR 任务形成 MRBR 结构部分。

6.13　分析表格样例

此处以某型国产民用飞机 SSI"53 – 40 – 01 上蒙皮壁板组件,中机身"和其他结构"Q53 – 40 – 01 翼身整流罩,中机身"为例,说明结构 MSG – 3 分析的整个流程。共设计有 14 张分析表格(S – 0 至 S – 12)。限于篇幅,分析实例部分内容经过改写与删减。

6.13.1　SSI 清单 (S－0)

结构 MSG－3 分析		SNS 编号	53－40
S－0		SNS 名称	中机身
SSI 编号		区域	适用性
53－40－01	SSI 清单	241/242/243/244	全部
	SSI 名称		
	上蒙皮壁板组件,中机身		

注: 以下有删减

6.13.2　详细组成表 (S－1)

结构 MSG－3 分析		SNS 编号	53－40	SNS 名称	中机身			
S－1		SSI 编号	53－40－01	SSI 名称	上蒙皮壁板组件,中机身			
SSI 组成	材料/热处理	表面保护		SSI 区　域	内部	外部	设计原则	适用性
上蒙皮(内表面)	2024(包铝)－T42	铬酸阳极化＋耐流环氧底漆		231/232/233/234	是	否	损伤容限	ALL
上蒙皮(外表面)	2024(包铝)－T42	铬酸阳极化＋耐流环氧底漆		231/232/233/234	否	是	损伤容限	ALL
长桁	7075－T7351	铬酸阳极化＋耐流环氧底漆		231/232/233/234	是	否	损伤容限	ALL
框	碳纤维层压板	防腐蚀底漆		231/232/233/234	是	否	损伤容限	ALL

注: 以下有删减

备注:

6.13.3 SSI 插图及说明表（S－2）

结构 MSG－3 分析	SNS 编号	SNS 名称	适用性	全 部
S－2	53－40	中机身	区域	241/242/243/244
SSI 插图及说明	SSI 编号	SSI 名称		
	53－40－01	上蒙皮壁板组件，中机身		

插图与说明

1. 描述
   中机身位于机身 FR36－FR48 框。在 FR36、FR48 框分别与前机身、中后机身进行框上对接，为机身典型直段。如图 6.6 所示，中机身下部 FR36－FR48 框、被翼身整流罩覆盖。本 SSI 覆盖中机身上部蒙皮壁板、长桁及框组件，即 STR1 至 STR18L/R 长桁，FR36 至 FR48 框，主要承受飞行和增压载荷。本节属于 SSI 概述，包括设计特性、材料、结构功能、位置尺寸等。

2. 边界
   略。该节包括 SSI 的边界范围信息，包括与其他临近 SSI 或其他结构的交互区分等。

3. 接近方式
   略。该节包括接近 SSI 部件的接近方式。

4. 表面保护
   略。该节包括 SSI 部件的表面保护信息，包括密封胶的使用、紧固件安装、防腐蚀抑制剂的使用等。

5. 参考信息
   略。该节包括 SSI 相关的密封布置，排水布置，系统布置等信息。

6. 插图

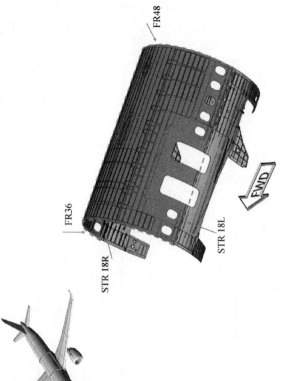

图 6.6　SSI 概述

注：以下有删减

6.13.4　SSI 金属分析（S－3.1）

结构 MSG－3分析	SNS 编号	SNS 名称	区域	241/242/243/244	适用性		
S－3	SSI 编号	SSI 名称	内部/外部	内部	ADR	EDR	全部
	53－40	上蒙皮壁板组件、中机身					磨损
	53－40－01						

SSI 组成	ED 分析					AD 分析													
	EV	SC		PR	VR	LK								SD		RS	ADR	EDR	磨损
		SC1	SC2			LK1	LK2	LK3	LK4	LK5	LK6	LK7	LK8	SD1	SD2				
上蒙皮（内表面）	2	2	2	2	2	2	2	2	2	2	2	2	2	N/A	N/A	N/A	N/A	8	无
长桁	2	2	1	2	2	2	2	2	2	2	2	2	2	N/A	N/A	N/A	N/A	7	无

注：以下省略

AD 检查要求	门槛：N/A	间隔：N/A	检查方法：N/A	CPCP 任务？ N/A
ED 检查要求	门槛：96MO	间隔：96MO	检查方法：GVI	CPCP 任务？ □

是否满足 CPCP 要求？　〇 YES　□ NO

额外 CPCP 检查要求	门槛：N/A	间隔：N/A	检查方法：N/A	CPCP 任务？ □

备注：

注：EV、SC、PR 等缩略语均对应 6.6 节的评级指标。

6.13.5 SSI金属分析(S-3.2)

结构MSG-3分析	SNS编号	SNS名称	区域	适用性
	53-40		内部/外部	全部
S-3	SSI编号	SSI名称	外部	
	53-40-01	上蒙皮壁板组件，中机身	241/242/243/244	

SSI组成	ED分析					AD分析												
	EV	SC		PR	VR	LK								SD		RS	ADR	EDR	磨损
		SC1	SC2			LK1	LK2	LK3	LK4	LK5	LK6	LK7	LK8	SD1	SD2				
上蒙皮(外表面)	1	2	2	2	2	2	2	2	0	2	1	2	2	0	2	2	5	7	无

注：以下省略

	门槛	间隔	检查方法	CPCP任务?
AD检查要求	6000FC/48MO	6000FC/48MO	GVI	N/A
ED检查要求	48MO	48MO	GVI	□

是否满足CPCP要求？ ○ YES □ NO

	门槛	间隔	检查方法	CPCP任务?
额外CPCP检查要求	N/A	N/A	N/A	□

备注：

注：表S-3.1和表S-3.2形式一致，对应不同检查要求的分析对象。

6.13.6　SSI 非金属分析（S – 4）

结构 MSG-3 分析	SNS 编号	SNS 名称	区域	内部/外部	内部
非金属分析表	SSI 编号	SSI 名称	分析对象	适用性	全部
S-4	53-40	53-40-01	241/242/243/244		
			框		
	中机身	上蒙皮壁板组件，前机身			

材料类型

	CFRP	GFRP
薄板夹芯结构	0	0
厚板夹芯结构	1	1
实心层压结构	2	1
结构等级	2	

结构组成

环境因素 / 可能性 / 敏感性指标

	CFRP	GFRP
紫外线	2	
液体或湿气	1	2
泄露	2	
温度	2	
其他	2	
EDR（最小值）	1	

非金属分析评级表

损伤源	可能性 / 敏感性指标
地面操作设备	2
货运设备	2
人为失误	2
雨水冰雹等	2
跑道碎片、残骸	2
雷击	2
泄露	2
其他	2
ADR（最小值）	2

结构等级 / EDR

	0	1	2
0	0	0	1
1	1	0	2
2	2	1	2
注			2

A	0
D	1
R	2
检查间隔	12000FC/96MO

是否存在磨损？　是 □　否 □　O

GVI　12000FC/96MO

检查方式　12000FC/96MO

门槛：12000FC/96MO　　间隔：12000FC/96MO

备注：

注：最终检查间隔按 TC 申请人制定的间隔框架确定。

6.13.7 SSI 任务合并与转区域候选表（S-5）

结构 MSG-3 分析	SNS 编号	SNS 名称	SSI 编号	SSI 名称							
S-5	53-40		53-40-01	上蒙皮壁板组件·中机身							

分析表格	任务描述	任务合并结果				检查方式	CPCP	MSG-3 任务号	区域候选任务?			适用性 231/232/233/234
		区域	接近方式	门槛	间隔				是	否	接受	
S-3.2	外部：一般目视检查中机身上蒙皮外侧表面	230		6000FC/48MO	6000FC/48MO	GVI	否	53-40-01-01-01	√			全部
S-3.1	内部：详细检查中机身上蒙皮内侧表面	241/242/243/244	拆卸内饰板	12000FC/96MO	12000FC/96MO	DET	否	53-40-01-02-01		√		全部
S-4	内部：一般目视检查中机身框结构	241/242/243/244	拆卸内饰板	12000FC/96MO	12000FC/96MO	GVI	否	53-40-01-03-01	√			全部

注：以下有删减

备注：

6.13.8 其他结构项目清单（S-6）

结构 MSG-3 分析		SNS 编号	53-40
S-6		SNS 名称	中机身

其他结构项目清单				
其他结构项目编号	其他结构项目名称	不属于 SSI 的原因	功 能	适 用 性
Q53-40-01	翼身整流罩，中机身	承受次要载荷	保持气动外形完整	全部

注：以下有删减

6.13.9 其他结构项详细组成表（S-7）

结构 MSG-3 分析		SNS 编号	53-40	SNS 名称	中机身
S-7		其他结构项目编号	Q53-40-01	其他结构项目名称	翼身整流罩，中机身

其他结构项详细组成	材料/热处理	表面防护	区 域	内 部	外 部	适用性
前部整流罩面板（外表面）	GFRP＋蜂窝	无	191/192	否	是	全部
前部整流罩面板（内表面）	GFRP＋蜂窝	无铬酸盐底漆	191/192	是	否	全部

注：以下有删减

备注：

6.13.10 其他结构项插图及说明表(S-8)

结构MSG-3分析 其他结构项插图及说明	SNS编号 其他结构项编号	SNS名称 其他结构项名称	区域 适用性
S-8	53-40	翼身整流罩,中机身	191/192
	Q53-40-01		全部

插图与说明：
1. 描述
略。
2. 边界
略。
3. 接近方式
略。
4. 表面保护
略。
5. 参考信息
略。
6. 插图
略。

注：填表要求与S-2表相似,此处不再赘述。

6.13.11 其他结构项分析及任务表(S-9)

结构MSG-3分析 S-9 其他结构项分析及任务	SNS编号 其他结构项编号	SNS名称 其他结构项名称		中机身 翼身整流罩,中机身				区域 区域候选任务?			191/192 适用性
	53-40										
	Q53-40-01							是	否	接受	
序号	任务描述	区域	接近方式	检查门槛值	重复检查间隔	检查方法	MSG-3任务号				适用性
1	外部:一般目视检查翼身整流罩外部表面	191/192		3000FC/24MO	3000FC/24MO	GVI	Q53-40-01-01-01			√	全部
2	内部:一般目视检查翼身整流罩内部表面	191/192	拆卸整流罩面板	6000FC/48MO	6000FC/48MO	GVI	Q53-40-01-02-01			√	全部

注：以下有删减。

备注：

6.13.12 非 PSE 的 SSI 的 FD 分析表(S-10)

结构 MSG-3 分析

SNS 编号								53-40			
非 PSE 的 SSI 的 FD 分析								SNS 名称		区域	241/242/243/244
								中机身			
S-10											
序号	任务描述	区域	接近方式	检查门槛值	重复检查间隔	检查方法	是否接受	MSG-3任务号	区域候选任务?		适用性
									是 否 接受		
1	内部:详细检查中机身上蒙皮内侧表面	241/242/243/244	拆卸内饰板	12000FC	12000FC	DET	是	53-40-01-06-01	否 √		全部

注:以下有删减

备注:

6.13.13 结构 MSG-3 任务汇总及合并表(S-11)

结构 MSG-3 分析

SNS 编号								53-40	
结构 MSG-3 任务汇总及合并								SNS 名称	中机身
S-11									
MSG-3 任务编号	区域	接近方式	检查门槛值	重复检查间隔	任务描述	CPCP	MRBR 任务编号	适用性	
53-40-01-02-01	241/242/243/244	拆卸内饰板	12000FC/96MO	12000FC/96MO	内部:详细检查中机身内侧表面	否	53-40-01-01	全部	
53-40-01-06-01	241/242/243/244	拆卸内饰板	12000FC	12000FC	内部:详细检查中机身上蒙皮内侧表面	否	53-40-01-01	全部	

注:以下有删减

备注:

6.13.14 结构 MRBR 任务汇总表(S-12)

结构 MSG-3 分析						SNS 编号	53-40
MRBR 任务汇总						SNS 名称	中机身
MRBR 任务编号	区域	接近方式	检查门槛值	重复检查间隔	任务描述	CPCP	适用性
S-12 53-40-01-01	241/242/243/244	拆卸内饰板	12000FC/96MO	12000FC/96MO	内部:详细检查中机身上蒙皮内侧表面	否	全部

注:以下有删减

备注:

第7章　区域 MSG‐3 分析

7.1　概述

在 MSG‐3 自上而下的分析中,对许多辅助项目(如系统管路、导管、其他结构、线路等)应评估他们引起功能故障的可能性。当需要一般目视检查来评定恶化状况时,采用区域检查则是一种合适的方法。MSG‐3 逻辑中引入了区域检查的概念,可以视为维修方式上的一个突破。尤其是随着老龄飞机的数量日益增多,区域检查理念的重要性更显得突出。MSG‐3 所提倡的区域检查维修理念,扬弃了 MSG‐2 中指定一个区域内的具体维修项目的做法,而将整个区域的一般目视检查任务视为一个大的维修项目,但要注意的是,MSG‐3 的区域检查并非简单地将 MSG‐2 规定的某区域的维修项目放在一起,而是进行了延伸,从形式上讲,就将维修检查的焦点从"点"延伸到了"面",防止了因精力过度集中于几个有限的"点"而忽视"面"中的其他缺陷。因为区域检查的涉及面进行了极大的扩展,故其工作的重要性也随之凸显:在例行维修中,大多数问题都是在区域检查中发现的,操作测试或功能测试发现的问题仅占很小的比例[11]。

无论接近飞机哪个区域,都可以看出,组成该区域的"元素"无非就是几类,即机身的框架结构、安装在该区域的完成一定功能的机械、电气或电子部件、将这些部件联系在一起的钢索、管道、导线,另外就是一些保护性的设备。

区域分析是针对飞机区域制定出初始最低计划维修任务和检查间隔。应用区域分析程序可以制订区域检查任务,以便对区域中包含的系统设备和结构项目的安装状态及牢固程度进行检查,同时将满足合并条件的系统、结构、重要闪电/高强度辐射场项目部分的一般目视检查(GVI)任务合并进入区域计划维修要求[12]。这需要对航空器上的每个区域进行综合性评估,并且通常在结构、系统和动力装置 MSG-3 分析得出结论之后进行。

根据区域中包含设备的不同,区域分析分为标准区域分析和增强区域分析两种方式。标准区域分析是针对整个区域确定 GVI 任务,以探测区域内结构和系统项目的退化情况。

增强区域分析是针对电气线路互联系统(electrical wiring interconnection systems,EWIS)确定检查任务,以便将可燃材料的污染减到最小,并排除标准区域分析不能可靠探测的重要线路的安装偏差。这些任务包括对区域内所有 EWIS 进行的 GVI 检查,以及对特定 EWIS 进行的单独的一般目视检查(stand-alone GVI)、详细检查(DET)或恢复(RST)等工作。这些专门的任务随后可以包含在系统和动力装置任务中。

7.2 分析流程

7.2.1 总体流程

区域计划维修分析流程如图 7.1 所示。

流程说明:

(1) 步骤 1,根据飞机的区域划分,确定相应区域项;

(2) 步骤 2,确定区域内的详细信息,包括区域位置、区域边界、接近通道、安装设备等内容;

(3) 步骤 3、步骤 4、步骤 5,确定区域是否只含结构,如只含结构且没有分析必要则不产生任务;

(4) 步骤 6,进行标准区域分析,进行各项指标评级;

(5) 步骤 7,根据分析,确定标准区域任务检查间隔及接近方式;

(6) 步骤 8,判断区域内是否包含 EWIS;

(7) 步骤 9,判断区域中是否有可燃材料;

(8) 步骤 10,判断是否存在有效任务减少可燃材料积聚;

(9) 步骤 11,针对减少可燃材料积聚的方式,确定任务及间隔;

(10) 步骤 12,判断 EWIS 是否同时靠近(50 mm 以内)飞控主、备份系统的相关组件;

(11) 步骤 13,确定 EWIS 检查任务,明确检查级别和检查间隔;

(12) 步骤 14,明确系统、结构需转移进区域的任务;

(13) 步骤 15,针对区域自身产生的任务以及系统、结构转移来的任务进行合并;

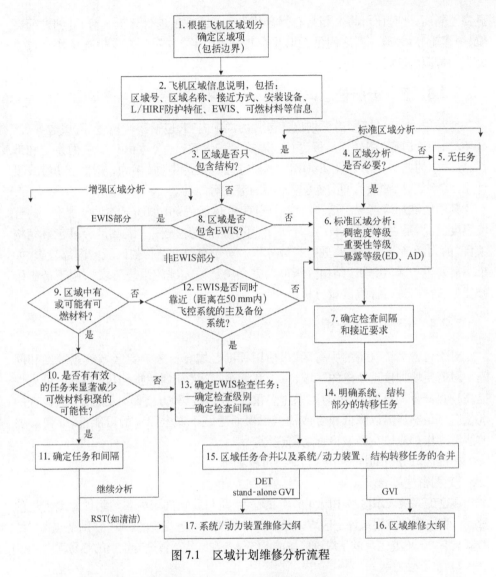

图 7.1　区域计划维修分析流程

（14）步骤 16，GVI 类型的任务进入区域维修大纲；

（15）步骤 17，RST、DET 以及 stand-alone GVI 任务进入系统/动力装置维修大纲。

7.2.2　区域项的确定

按 ATA2200 规范(以前使用 ATA100 规范)定义,把航空器按照外部和内部分成若干区域。针对划分后的区域,如区域与区域之间不存在明显的物理隔离,且合并后的区域检查工作量没有过于庞大时,则此时可将不同的区域合并后形成一个区域项。

例如,前客舱-左侧与前客舱-右侧分属不同的区域,但左侧与右侧之间并无明显物理隔离,此时便可将左侧与右侧合并为一个区域项进行分析。与此同时,前客舱、中客舱、后客舱三者之间虽无明显物理隔离,但合并后会造成检查工作量过于庞大的情况,此时则不予合并。

7.2.3 区域分析信息识别

针对每一个区域项,需识别出其包含的详细内容,包括区域位置、区域边界、区域环境、接近通道(例如,门、板、内衬、隔热层)、大致尺寸(体积)、安装的系统和部件、导线中的典型功率等级、L/HIRF 防护特性以及污染物(例如,灰尘、碎屑)或设计原因(例如,燃油蒸汽)形成可燃材料的潜在可能性。

其中区域环境情况包括:是否增压区、整体或局部(如明显不同于整体)的环境温度情况、是否暴露区、日常运行时的环境状况等。通过"区域是否只包含结构项目"的判断确定是否需要进行区域分析。对于只包含结构的区域的内部检查,如果不需要进行区域分析(结构分析可以完全满足该区域的维修要求),则不产生维修任务;否则,进行标准区域分析。

7.2.4 标准区域分析

对于包含系统设备的所有区域,使用标准区域分析来确定区域检查范围和间隔。对需要增加接近要求的区域,由于其评级提高(如偶然损伤风险降低,可见性提高),可降低检查频率,此时可采用多重区域检查。为方便偏差的确定,被检查的区域应该足够清洁以降低灰尘或棉绒积聚而隐藏不安全因素的可能性,任何必要的清洁工作都应该在区域检查之前进行。

标准区域分析的评级指标和评级过程如下。

1)稠密度等级

稠密度等级表示区域中附件的密集程度,是封装在区域中各种附件距离远近的量度。稠密度等级用来评定区域内某一部件故障对邻近设备的影响,特别是包含导线的情况下。同时它还反映了对该区域的系统设备和结构项目进行检查的难易程度。

2)重要性等级

重要性等级是区域中各种附件对飞机运营安全性和/或使用经济性影响程度的量度。评价区域的重要性时,还需要考虑区域内的部件是否有潜在的功能故障——它会使周围系统或结构受到损伤。这是一个定性的指标,因为它是按照该附件对飞机安全性和使用经济性的影响程度来进行评价的。

3)暴露等级

暴露等级是区域经受温度、振动、暴露大气、湿气、污染影响以及对系统和结构偶然损伤影响可能性的量度。暴露等级分为环境损伤(environment damage,ED)等级和偶然损伤(accidental damage,AD)等级。ED 主要包括温度损伤、振动损伤、液体损伤(厨房液体、厕所液体、燃油、湿气等)和其他;AD 主要包括地面操作设备损伤、外来物损伤、天气影响损伤、液体溢出损伤和其他。

稠密度、重要性以及暴露等级确定后,根据相应的间隔矩阵关系确定区域检查间隔。

7.2.5　增强区域分析

增强区域分析中需对区域安装设备进行说明,识别区域包含的安装设备,并详述区域内的重要 EWIS 项目,如: EWIS 的具体名称、线束编号、距液压管路、气源管路的距离等。

1) 区域评估及减少可燃材料积聚任务判定

首先需要判断增强区域分析是否必要,如果区域内有 EWIS,则要进行增强区域分析以确定对 EWIS 的检查任务,如图 7.2 所示。

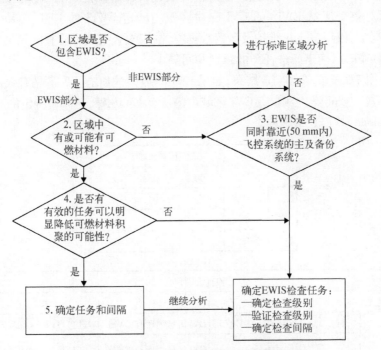

图 7.2　区域评估及减少可燃材料积聚任务判定

在确定对 EWIS 的检查工作之前,需要明确是否有有效的任务可以明显降低可燃材料积聚的可能性。所谓可燃材料,是指去掉火源仍可能燃烧的材料(包括固体、液体、气体),但对那些须由持续火源/热源引起燃烧的材料不能理解为可燃材料。可燃材料主要包括燃油蒸汽、灰尘/纤维碎屑积聚物、被污染的绝缘层等。如果存在有效的任务能明显降低可燃材料的积聚,则需要产生此项任务,并根据相应

的间隔等级表确定此任务的间隔。

这里,有效的任务通常是清洁类的恢复任务,但是不排除确定其他类型任务的可能性。例如,对一个本身通风性较弱的区域来说,液压管路上微小的腐蚀孔喷出的高压雾气可能会对导线束产生冲击,这时,对液压管路的 DET 检查可能是有效的。对于那些能够降低 EWIS 受到损伤破坏可能性的任务也应该包含在"有效的任务"的标准里面。针对"降低可燃材料积聚可能性"而制定的任务最终包括在系统/动力装置计划维修要求部分(SNS20 章)。

即使在没有可燃材料的情况下,当 EWIS 同时靠近(50 mm 内)飞控系统的主及备份系统时,起火也会影响安全飞行和着陆。考虑到飞控系统的冗余度,当主和备用的系统同时受到电弧影响时,需要针对 EWIS 做增强区域分析。

2)检查级别判定

确定进行增强区域分析之后,需对检查级别及检查间隔进行判定。通常检查级别包括对整个区域 EWIS 的 GVI 和对区域内特定 EWIS 的 DET 或 stand-alone GVI。根据工程经验、飞机维护及运营数据等,制定检查级别和检查间隔判定标准,形成相应矩阵,以确定所选任务的级别和间隔。

根据图 7.3 检查等级判定结果,如果 GVI 区域内的所有 EWIS 是有效的,那么只需确定其检查间隔;否则,除 GVI 区域内的所有 EWIS 外,还需对特定的 EWIS 进行 stand-alone GVI 或 DET 检查。

		区域大小		
		小	中	大
稠密度	低	低	中	高
	中	中	中	高
	高	中	高	高

⇩

检查级别判定				
区域大小∨稠密度		低	中	高
起火的潜在影响	低	GVI 区域内所有 EWIS	GVI 区域内所有 EWIS	GVI 区域内所有 EWIS
	中	GVI 区域内所有 EWIS	GVI 区域内所有 EWIS,并对特定的 EWIS 进行 stand-alone GVI 检查	GVI 区域内所有 EWIS,并对特定的 EWIS 进行 stand-alone GVI 检查
	高	GVI 区域内所有 EWIS,并对特定的 EWIS 进行 stand-alone GVI 检查	GVI 区域内所有 EWIS,并对特定的 EWIS 进行 stand-alone GVI 和/或 DET 检查	GVI 区域内所有 EWIS,并对特定的 EWIS 进行 stand-alone GVI 和/或 DET 检查

图 7.3　检查级别判定矩阵图

对于增强区域分析得出的任务,如果是对整个区域 EWIS 的 GVI 任务,在此检查可以被区域检查涵盖的情况下,可以考虑将此任务合并到区域计划维修要求中,否则,需将此任务转移到系统/动力装置的计划维修要求(SNS20 章);对特定 EWIS 的 stand-alone GVI 及 DET 检查任务需要转移到系统/动力装置的计划维修要求(SNS20 章)。

在确定需要做 stand-alone GVI 或者 DET 任务的特定部位时,可以参考下列需要特别关注的区域。

(1)电线通道和线束——在已有的电线通道内增加电线可能增加电线的磨损和导致电线的不可维修。在已有的线束中增加电线可能导致电线下垂和结构间的磨损。

(2)机翼——机翼的前缘和后缘是导线安装非常困难的地方。机翼后缘的导线在活动面打开或伸出的情况下是暴露在外的。这个区域的缝翼扭力管和引气导管也是潜在的危险源。

(3)发动机、吊挂和短舱——这些区域是高温高振区且维修频繁,并容易受化学物质(包括燃油、液压油等)污染。

(4)附件舱和电子舱——这些区域是典型的包含电子设备、气动元件和管道以及液压组件的区域。这些区域容易遭受振动、高温和液体污染。

(5)APU——此区域是高温高振区,维修频繁,容易受化学物质污染。

(6)起落架和起落架舱——这些区域除了受振动损伤和化学物质污染外,还暴露于外部环境中。

(7)电子面板和航线可更换件(line replaceable units,LRUs)——电子面板是导线非常密集的地方,在排故、维修改造和更换活动中电子面板中的电线和装置特别容易受到损伤。

(8)蓄电池——在飞机所有蓄电池附近的电线都容易受腐蚀和变色。应该对腐蚀和变色的电线检查其功能是否完好。

(9)馈电线——高电流的导线和连接器可能产生大量的热量。振动可能造成导线损伤并可能使馈电线本身的固定处、终端以及连接处松动。如果发现过热的迹象,应该更换终端和连接器。运营经验表明需要一个对厨房和发动机/APU 馈电线终端扭转的检查,特别是高振的区域。

(10)厨房、盥洗室和驾驶舱下的区域——这些区域特别容易受到灰尘、棉绒碎屑和液体污染,如咖啡、食物、软饮料、盥洗室液体、水等。

(11)废水排放管——从废水排放管泄露的废水可能污染电线。运营经验表明除了常规的目视检查外还需要定期检查有无泄漏或者制定清洁任务。

(12)机身排水系统——一些排水装置,比如一些管道,这些管道将泄漏的水收集起来并通过合适的出口排出。如果这些排水通道堵塞可能导致导线受液体污染。运营经验表明除常规的目视检查外需要对这些排水装置和管道进行检查,确保其不会被堵塞。

(13) 货舱地板以下——在维修中可能损伤这个区域的导线。

(14) 可能会被移动的导线——在门、作动器、起落架和电子面板口盖附近的导线可能因为正常的操作而运动或弯曲。这些导线应该被检查。

(15) 接近面板——接近面板附近的电线因为反复的维修接近可能受到偶然损伤,需要引起特别的注意。

(16) 门下部位置——货舱门、客舱门、服务门下的电线易受雨、雪、液体飞溅的污染。这些区域的排水系统和地板密封应该根据需要定期检查和维修。

(17) 非常难接近区域的导线——比如,飞行仪表板、驾驶舱操纵台。这些区域由于不常清洁可能聚集很多灰尘或其他污染物。在这些区域的检查需要移走一些组件和分解其他系统。

3) 任务间隔确定

针对增强区域任务间隔确定,首先需确定 ED 等级和 AD 等级,再根据矩阵关系确定总等级,转换为增强区域分析的检查间隔范围。

利用矩阵关系确定出检查间隔范围后,需综合考虑 ED、AD 损伤源的情况进一步确定每一项工作的具体时间间隔:如果间隔等级是由多个较为恶劣的 ED/AD 损伤源综合得出的,则应取较短的间隔值;反之,如果只有 1 个 ED/AD 因素较为严重,则可以取较长的间隔值。

7.2.6 检查任务合并与汇总

标准区域分析产生的任务,直接进入区域维修大纲中;增强区域分析产生的针对整个区域 EWIS 的 GVI 任务可以与标准区域分析产生的任务进行合并,合并后取两者中较短的间隔值,同时进入区域维修大纲中;而产生的 stand-alone GVI、DET 以及 RST 任务,则需转移至系统/动力装置维修大纲中(SNS20 章)。

系统/动力装置、结构产生的 GVI 任务可以作为候选项目合并到区域维修大纲中。转移原则为:

(1) 对于系统/动力装置的 GVI 任务,并且划分为非安全性的项目(6、7 或 9),可以考虑转移到区域维修大纲;

(2) 对于没有腐蚀防护与控制大纲(corrosion prevention and control program, CPCP)任务,且不属于适航性限制项目的结构 GVI 任务,可以考虑转移到区域维修大纲。

区域接受来自系统/动力装置、结构的转移任务,并将其合并至区域维修大纲。合并条件为:

(1) 转移任务与区域任务的接近方式相同;

（2）转移任务的检查间隔不小于区域任务的检查间隔。

一旦区域工作组确定接收来自系统/动力装置、结构以及 L/HIRF 的转移任务，在任务的间隔参数不一致的情况下，可以采用下面的方法进行任务合并：

（1）对可以明确区域检查能够覆盖转移任务的情况，合并后的任务间隔以区域间隔为准；

（2）如果转移到同一个区域的多个任务使用了不同的间隔参数，需要由各工作组协商确定合并后的间隔。根据各方协商结果，合并后的区域任务可以以区域间隔为准，也可以使用相应的多重间隔参数表达。

对于来自系统/动力装置和结构的任务，如不能合并到区域检查大纲中，则将这些任务退回，仍保留在各自的部分。

7.3　分析实例

此处以某型国产民用飞机区域项 171 为例，说明区域 MSG - 3 分析的整个流程。共设计有 8 张分析表格（ZA - 1 至 ZA - 8），分别对应分析流程 7.2.2 节至 7.2.6 节。限于篇幅，分析实例部分内容经过删减。

7.3.1　区域 MSG - 3 分析-区域描述（ZA - 1）

飞机型号	区域 MSG - 3 分析	区域项号：171	区域：171,172
ZA - 1	区域描述	区域项名称：后货舱 STA24414 - STA32894	

区域边界：
STA24414（FR50）与 STA32894（FR66）之间，中后机身客舱地板以下，货舱地板以上区域，地板上表面包含在 ZI251 区域分析中

接近方式：
823/ 171ALC/ 171BLC/ 171CLC/ 171GLC/ 172ARC/ 172BRC/ 172CRC/ 172DRC/ 172ERC/ 172FRC/ 172GRC/ 171ALW/ 171BLW/ 171CLW/ 171DLW/ 171ELW/ 172ARW/ 172BRW/ 172CRW/ 172DRW/ 172ERW/ 172FRW

区域环境：
气密区、非高温区、无持续强振动

区域内安装的设备/结构/EWIS 和 L/HIRF 项目：
排风管路，鼓风系统，APU 引气管路，客舱地板组件下表面及密封件，客舱地板梁组件，防火系统，1#液压导管，远程数据接口单元，舱顶灯，货舱烟雾探测器，水/废水管路，电源系统线束，液压系统线束，空调系统线束，防火系统线束，燃油系统线束，照明系统线束，舱门系统线束，机载辅助动力系统线束，发电机馈电线，导航系统同轴电缆，APU 蓄电池馈电线，厨房供电线，客舱系统线束，发动机控制系统线束，气源系统线束，飞控系统线束，防冰除雨系统线束，通信系统线束，闪电/防护组件

此区域是否只包含结构？	是　　否　　√
是否需要进行区域分析？	是　　√　　否

注：表 ZA - 1 中列出区域的边界、接近方式、区域环境以及区域内安装的设备、结构、EWIS、闪电防护项目。
根据区域内的信息，判断该区域内是否只包含结构以及是否需进行区域分析。

7.3.2 区域 MSG - 3 分析-区域分析图示 (ZA - 2)

飞机型号	区域 MSG - 3 分析	区域项号: 171	区域: 171, 172
ZA - 2	区域分析图示	区域项目名称: 后货舱 STA24414 - STA32894	

部位 (内 / 外): 内部

后货舱右侧系统和 EWIS 组成如图 7.4 所示:

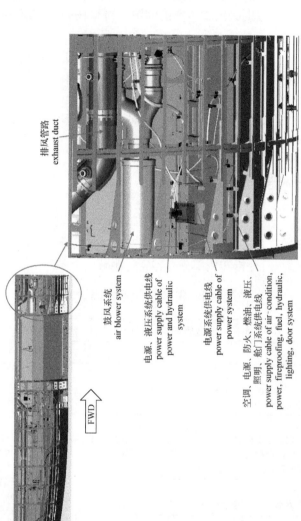

排风管路
exhaust duct

鼓风系统
air blower system

电源, 液压系统供电线
power supply cable of
power and hydraulic
system

电源系统供电线
power supply cable of
power system

空调, 电源, 防火, 燃油, 液压,
照明, 舱门系统供电线
power supply cable of air-condition,
power, fireproofing, fuel, hydraulic,
lighting, door system

FWD

图 7.4　后货舱右侧系统和 EWIS 组成

注: 表 ZA - 2 中列出详细的图示, 包括该区域位置, 接近方式, 结构, 系统, EWIS, 闪电防护部件等详细信息。

7.3.3 区域 MSG－3 分析-标准区域描述 (ZA－3)

飞机型号	区域 MSG－3 分析	区域项号: 171	区域: 171,172
ZA－3		标准区域分析	区域项名称: 后货舱 STA24414－STA32894
		接近方式: 823	[ ]内部[√]外部

具体分析部位: STA24414(FR50)号与 STA32894(FR66)之间,中后机身客舱地板以下,货舱地板以上区域

区域因素评级

ED 等级

级号	重要性等级	稠密度等级	温度	振动	液体						湿气	其他
					厨房液体	厕所液体	液压油	防/除冰液	化学液体	燃油		
1	低	低	轻微	轻微	轻微	轻微	轻微	轻微	轻微	轻微	轻微	轻微
2	中	中	中等	中等	中等	中等	中等	中等	中等	中等	中等	中等
3	高	高	严重	严重	严重	严重	严重	严重	严重	严重	严重	严重

重要性等级

稠密度等级	重要性等级		
	1	2	3
1	1	1	2
2	1	2	2
3	2	2	3

暴露等级

重要性/稠密度等级	暴露等级				
	1	2	3	4	5
1	1	1	2	3	
2		2	3	4	
3			3	4	5

AD 等级

地面操作设备	外来物损伤	天气影响	维修活动频度	液体溢出	乘客活动	其他
轻微	轻微	轻微	轻微	轻微	轻微	轻微
中等	中等	中等	中等	中等	中等	中等
严重	严重	严重	严重	严重	严重	严重

区域总等级

	区域总等级				
	1	2	3	4	5
内部	192MO	144MO	96MO	48MO	24MO
外部	96MO	72MO	48MO	24MO	3MO
间隔			24MO		

MSG－3 任务号	区域号	任务类型	任务	接近方式	任务描述	有效性
ZL－171－01	171,172	GVI	24MO	823	外部——一般目视检查后货舱内区域	全部

续表

飞机型号	区域 MSG-3 分析	区域项号: 171	区域: 171,172
ZA-3	标准区域分析	区域项名称: 后货舱 STA24414-STA32894	
接近方式: 823/ 171ALC/ 171BLC/ 171CLC/ 171GLC/ 172ARC/ 172BRC/ 172CRC/ 172DRC/ 172ERC/ 172FRC/ 171ALW/ 172GRC/ 171BLW/ 171CLW/ 171DLW/ 171ELW/ 172ARW/ 172BRW/ 172CRW/ 172DRW/ 172ERW/ 172FRW		[√]内部[ ]外部	
具体分析部位: STA24414（FR50）与 STA32894(FR66)之间，中后机身客舱地板以下，货舱地板以上区域			

区域因素评估

级号	重要性等级	温度	振动	厨房液体	厕所液体	液压油	防/除冰液	化学液体	燃油	湿气	其他	地面操作设备	外来物损伤	天气影响	维修活动频度	液体溢出	乘客活动	其他
		\多ED等级\液体										\多AD等级						
1	低	轻微	轻微	轻微	轻微	轻微	轻微	轻微	轻微	轻微	轻微	轻微	轻微	轻微	轻微	轻微	轻微	轻微
2	中	中等	中等	中等	中等	中等	中等	中等	中等	中等	中等	中等	中等	中等	中等	中等	中等	中等
3	高	严重	严重	严重	严重	严重	严重	严重	严重	严重	严重	严重	严重	严重	严重	严重	严重	严重

重要性等级

稠密度等级	暴露等级 1	2	3
1	1	2	2
2	2	2	3
3	2	3	3

暴露等级

重要性/稠密度等级	1	2	3
1	1	1	2
2	1	2	3
3	2	3	3
4	3	3	4
5	3	4	5

区域总等级

	1	2	3	4	5
内部	192MO	144MO	96MO	48MO	24MO
外部	96MO	72MO	48MO	24MO	3MO
同隔			96MO		

MSG-3 任务号	区域号	任务类型	任务	接近方式	任务描述	有效性
ZL-171-02	171,172	GVI	96MO	823/ 171ALC/ 171BLC/ 171CLC/ 171ALW/ 171BLW/ 171BLW/…	内部——般目视检查后货舱区域	全部

注：表 ZA-3 为标准区域分析，根据各区域分析，根据各评级指标，结合评级矩阵得出任务同隔，并在表中列出任务的具体信息。如该区域顶分析时又可细分为外部和内部区域，则可采用另张 ZA-3 表。

7.3.4 区域MSG-3分析-增强区域分析(ZA-4)

飞机型号	区域MSG-3分析	区域项号:171	区域:171,172
ZA-4.1	增强区域分析-区域内设备安装信息	区域项名称:后货舱 STA24414-STA32894	

区域内安装设备:

液压系统管路
液压系统部件(活门、作动器、泵)
气源系统管路
气源系统部件(活门、作动器)
√ 电气线路—电源馈线(高压、高电流)
电气线路—马达驱动装置
√ 电气线路—仪表和监控设备
√ 电气线路—数据总线
电气系统部件
主飞控机构
备份飞控机构
发动机控制机构
燃油系统部件
绝缘层
√ 氧气系统部件
√ 饮用水系统部件
√ 污水系统部件

区域安装设备描述及说明
本区域所包含的EWIS和系统设备和详细说明如下

EWIS:
电源系统线束,液压系统线束,空调系统线束,防火系统线束,燃油系统线束,照明系统线束,舱门系统线束,机载辅助动力系统线束,发电机馈电线,导航系统同轴电线,APU蓄电池馈电线,厨房供电线,客舱系统线束,飞控系统线束,气源系统线束,防冰除雨系统线束,通信系统线束

系统设备:
排风管路,鼓风系统,APU引气管路,防火系统,1#液压导管,远程数据接口单元,舱顶灯,货舱烟雾探测器,水/废水管路

见表ZA-2中图示

注:表ZA-4.1为增强区域分析表格,在该表中需列出该区域内包含的EWIS和系统设备。

飞机型号	区域 MSG-3 分析		区域项号: 171	区域: 171,172
ZA-4.2	增强区域分析-区域特性评估和针对可燃材料积聚的任务判定		区域项名称: 后货舱 STA24414-STA32894	

步骤	描述
1	是、电源系统线束、液压系统线束、空调系统线束、防火系统线束、燃油系统线束、照明系统线束、舱门系统线束、导航系统同轴电缆、APU系统同轴电缆、机载辅助动力系统线束、发电机馈电线、客舱系统线束、发动机控制系统线束、气源系统线束、厨房供电线、飞控系统线束、防冰除雨系统线束、通信系统线束
2	是,该区域存在灰尘、纤维
3	N/A
4	是,存在有效的任务显著减少可燃材料积聚的可能性
5	恢复(清洁)后货舱区域以减少可燃材料积聚的可能性(EWIS)

流程图:

1. 区域是否包含EWIS? — 否 → 非EWIS部分 → 进行标准区域分析
   — 是 → EWIS部分

2. 区域中是否有可燃材料? — 否 → 进行标准区域分析
   — 是

3. EWIS是否同时靠近(50 mm内)飞控系统的主及备份系统? — 是 → 确定EWIS检查任务: 确定检查级别、验证检查级别、确定检查间隔
   — 否

4. 是否有有效的任务可以明显降低可燃材料积聚的可能性? — 否 → 进行标准区域分析
   — 是 → 5. 确定任务和间隔 → 继续分析 → 确定EWIS检查任务

注:表 ZA-4.2 为增强区域分析表格,在该表中判断是否需要进行增强区域分析,以及判断是否存在有效的任务,则需在表中列出相应任务。间隔同 EWIS 检查任务。
如在有效任务中针对显著减少可燃材料积聚的可能性同 EWIS 检查任务。

飞机型号	区域 MSG－3 分析	区域项号：171	区域：171,172
ZA－4.3　增强区域分析－检查级别判定		区域项名称：后货舱 STA24414－STA32894	

接近等级

接近等级		区域大小		
		小	中	大
密度	低	1	2	3
	中	2	2	3
	高	2	3	3

检查级别判定

区域大小/稠密度		1	2	3
起火的潜在影响	低	GVI 区域内所有 EWIS	GVI 区域内所有 EWIS	GVI 区域内所有 EWIS
	中	GVI 区域内所有 EWIS	GVI 区域内所有 EWIS，并对特定区域的 EWIS 进行 stand-alone GVI 检查	GVI 区域内所有 EWIS，并对特定的 EWIS 进行 stand-alone GVI 检查
	高	GVI 区域内所有 EWIS，并对特定的 EWIS 进行 stand-alone GVI 检查	GVI 区域内所有 EWIS 进行 stand-alone GVI 和/或 stand-alone DET 检查	GVI 区域内所有 EWIS 进行 stand-alone GVI 和/或 stand-alone DET 检查

验证检查级别

6. GVI区域内的所有EWIS是否有效？
　是 → 7. 针对区域内所有EWIS的GVI任务进行区域描述和边界说明
　　　　8. 确定 stand-alone GVI 的检查范围或检查项目
　　　　9. 确定 DET 的检查范围或检查项目
　否 → 必须增加 stand-alone GVI 和/或 DET检查

步骤	描述
6	否（仅用区域 GVI 对区域内所有的 EWIS 不是有效的
7	一般目视检查后货舱区域所有 EWIS 组件
8	一般目视检查后货舱区域发电机馈电电线和蓄电池馈电电线（stand-alone GVI）
9	N/A

注：表 ZA－4.3 为增强区域分析表格，在该表中需依据对应评级指标标准进行检查级别的判定。检查级别确定后，如有针对具体 EWIS 线束中需束的检查，则需识别出相应的 EWIS。

飞机型号	区域MSG-3分析	区域项号：171	区域：171,172
ZA-4.4	增强区域分析-任务间隔判定	区域项名称：后货舱 STA24414-STA32894	

ED等级 1-轻微、2-中等、3-严重	
温度	1
振动	1
化学物质	1
湿气	2
污染物	2
其他	1
最大数值	2

AD等级 1-轻微、2-中等、3-严重	
地面操作设备	1
外来物损伤	1
天气影响	1
维修活动频度	1
液体溢出	1
乘客活动	1
其他	1
最大数值	1

间隔确定		AD 等级		
		1	2	3
ED 等级	1	96MO	48MO-96MO	24MO-48MO
	2	48MO-96MO	24MO-48MO	3MO-24MO
	3	24MO-48MO	3MO-24MO	3MO

MSG-3任务号	区域号	任务间隔	任务类型	任务间隔	接近方式	任务描述	有效性
EZL-171-01	171,172	96MO	GVI	96MO	823/ 171ALC/ 171BLC/ 171CLC/ 171GLC/ 172ARC/ 172BRC/ 172CRC/ 172DRC/ 172ERC/ 172FRC/ 172GRC/ 171ALW/ 171BLW/ 171CLW/ 171DLW/ 171ELW/ 172ARW/ 172BRW/ 172CRW/ 172DRW/ 172ERW/ 172FRW	一般目视检查后货舱区域 所有EWIS组件(EWIS)	全部

备注：考虑到没有评级为严重，取检查间隔为8年

注：表ZA-4.4为增强区域分析表格，在该表中对各指标进行评级，并依据评级矩阵得出间隔范围。
针对具体间隔的确定，需综合考虑恶劣指标的数量和实际工程经验。
如增强区域分析对应存在多张任务，多张表ZA-4.4。

7.3.5　区域 MSG－3 分析-区域检查任务汇总及合并判定(ZA－5)

飞机型号	区域 MSG－3 分析	区域项号: 171	区域项号: 171,172
ZA－5	区域检查任务汇总及合并判定	区域项名称: 后货舱 STA24414～STA32894	区域: 171,172

标准区域分析任务汇总

MSG－3 任务号	区域号	任务类型	任务间隔	接　近　方　式	任　务　描　述	有效性
ZL－171－01	171,172	GVI	24MO	823	外部：一般目视检查后货舱内区域	全部
ZL－171－02	171,172	GVI	96MO	823/ 171ALC/ 171BLC/ 171CLC/ 171GLC/ 172ARC/ 172BRC/ 172CRC/ 172DRC/ 172ERC/ 172FRC/ 172GRC/ 171ALW/ 171BLW/ 171CLW/ 171DLW/ 171ELW/ 172ARW/ 172BRW/ 172CRW/ 172DRW/ 172ERW/ 172FRW	内部：一般目视检查后货舱后舱区域	全部

增强区域分析任务汇总及合并

MSG－3 任务号	区域号	任务类型	任务间隔	接　近　方　式	任务描述	是否与标准区域分析产生的任务合并?	有效性
EZL－171－01	171,172	GVI	96MO	823/ 171ALC/ 171BLC/ 171CLC/ 171GLC/ 172ARC/ 172BRC/ 172CRC/ 172DRC/ 172ERC/ 172FRC/ 172GRC/ 171ALW/ 171BLW/ 171CLW/ 171DLW/ 171ELW/ 172ARW/ 172BRW/ 172CRW/ 172DRW/ 172ERW/ 172FRW	一般目视检查后货舱所有件 EWIS (EWIS)	是，合并至 ZL－171－01	全部
EZL－171－02	171,172	GVI	96MO	823/ 171ALC/ 171BLC/ 171CLC/ 171GLC/ 172ARC/ 172BRC/ 172CRC/ 172DRC/ 172ERC/ 172FRC/ 172GRC/ 171ALW/ 171BLW/ 171CLW/ 171DLW/ 171ELW/ 172ARW/ 172BRW/ 172CRW/ 172DRW/ 172ERW/ 172FRW	恢复(清洁)后货舱区域以减少可燃材料的积聚 (EWIS)	否	全部
EZL－171－03	171,172	GVI	96MO	823/ 171ALC/ 171BLC/ 171CLC/ 171GLC/ 172ARC/ 172BRC/ 172CRC/ 172DRC/ 172ERC/ 172FRC/ 172GRC/ 171ALW/ 171BLW/ 171CLW/ 171DLW/ 171ELW/ 172ARW/ 172BRW/ 172CRW/ 172DRW/ 172ERW/ 172FRW	一般目视检查发电机馈电线和蓄电池馈电线 (stand-alone GVI)	否	全部

注：表 ZA－5 为任务汇总表格，表中罗列了标准区域分析和增强区域分析产生的各条任务。

7.3.6 区域MSG-3分析-候选转移任务汇总和合并判定（ZA-6）

飞机型号	区域MSG-3分析	区域项号：171	区域：171，172
ZA-6	候选转移任务汇总和合并判定	区域项名称：后货舱 STA24414-STA32894	

候选转移任务汇总及合并判定

工作组	项目编号（MSI/HSI/SSI/其他结构项目）	项目名称	MSG-3任务号	任务类型	任务间隔	接近方式	任务描述	是否接受？	不接受的原因
结构工作组	Q53-60-03	后货舱门框其他结构，中后机身	Q53-60-03-02-01	GVI	18400FC/96MO	172GRF	内部：一般目视检查中后机身后货舱门框需要拆卸防磨板可接近的结构（包括：密封件、防磨板垫板、垫板）	否	现有区域检查任务的接近方式不能覆盖盖此检查对象
结构工作组	Q53-60-02	后货舱地板面板及连接组件、中后机身	Q53-60-02-01-01	GVI	9200FC/48MO	823	外部：一般目视检查后货舱地板面板上表面	是，合并到 ZL-171-01	
……									

注：表ZA-6为转移任务合并表。该表对结构、系统转移到区域的任务进行判断，如能合并则合并至具体区域任务，如不能合并则退回并给出相应原因。

7.3.7 区域 MSG－3 分析－进入区域检查大纲任务汇总（ZA－7）

飞机型号	区域 MSG－3 分析	区域项号：171	区域，171，172
ZA－7	进入区域检查大纲任务汇总	区域项名称：后货舱 STA24414－STA32894	

进入区域检查大纲的任务汇总

MSG－3 任务号	MRBR 任务号	区域号	任务类型	任务间隔	接 近 方 式	任务描述	转移合并任务的 MSG－3 任务号	有效性
ZL－171－01	ZL－171－01－01	171,172	GVI	24MO	823	外部：一般目视检查后货舱内区域	Q53－60－02－01－01 53－60－16－02－01 Q53－60－03－01－01	ALL
ZL－171－02	ZL－171－02－01	171,172	GVI	96MO	823/ 171ALC/ 171BLC/ 171CLC/ 171GLC/ 172ARC/ 172BRC/ 172CRC/ 172DRC/ 172ERC/ 172FRC/ 172GRC/ 171ALW/ 171BLW/ 171CLW/ 171DLW/ 171ELW/ 172ARW/ 172BRW/ 172CRW/ 172DRW/ 172ERW/ 172FRW	内部：一般目视检查后货舱区域（EWIS）	EZL－171－01	ALL

注：表 ZA－7 为进入区域检查大纲的任务汇总表。表中列出了进入区域检查大纲的任务以及其他专业转移过来的任务。

7.3.8 区域 MSG－3 分析－转移至 SNS20 章的区域任务汇总（ZA－8）

飞机型号		区域 MSG－3 分析	区域项号：171	区域：171,172
ZA－8		转移至 SNS20 章的区域任务汇总	区域项名称：后货舱 STA24414－STA32894	

区域转到 SNS20 章的任务汇总

MSG－3 任务号	MRBR 任务号	区域号	任务类型	任务间隔	接近方式	任务描述	有效性
EZL－ 171－02	20－00－ 01－1－20－01	171,172	GVI	96MO	823/ 171ALC/ 171BLC/ 171CLC/ 171GLC/ 172ARC/ 172BRC/ 172CRC/ 172DRC/ 172ERC/ 172FRC/ 172GRC/ 171ALW/ 171BLW/ 171CLW/ 171DLW/ 171ELW/ 172ARW/ 172BRW/ 172CRW/ 172DRW/ 172ERW/ 172FRW	恢复（清洁）后货舱区域以减少可燃材料的积聚（EWIS）	ALL
EZL－ 171－03	20－00－ 01－1－21－01	171,172	GVI	96MO	823/ 171ALC/ 171BLC/ 171CLC/ 171GLC/ 172ARC/ 172BRC/ 172CRC/ 172DRC/ 172ERC/ 172FRC/ 172GRC/ 171ALW/ 171BLW/ 171CLW/ 171DLW/ 171ELW/ 172ARW/ 172BRW/ 172CRW/ 172DRW/ 172ERW/ 172FRW	一般目视检查后货舱区域发电机馈电线和蓄电池馈电线（stand-alone GVI）	ALL

注：表 ZA－8 为进入 SNS20 章的任务汇总表。

第 8 章　L/HIRF MSG－3 分析

■
■
■
■

8.1　概述

　　闪电/高强辐射场(lightning and high intensity radiated fields,L/HIRF)MSG－3 分析是计划维修分析的重要组成部分。ATA MSG－3 文件于 2001 年修订时增加了"2~6 节 L/HIRF 分析程序",明确 L/HIRF 分析范围为 A 级、B 级电子电气系统,且所确定的 L/HIRF 检查任务可以被适用有效的区域任务覆盖。随后几年,ATA 就 L/HIRF 分析范围、L/HIRF 检查任务与区域任务的关系等问题进行深入研究,于 2007 年对 L/HIRF 分析程序进行了重大修订:重写了 L/HIRF 分析程序;分析对象包含电子部件和非电子部件;只有失效结合 L/HIRF 事件不影响飞机持续安全飞行和着陆的防护部件分析生成的 GVI 任务可以作为区域候选任务,所有其他分析生成的任务均作为专门的 L/HIRF 任务放入 MRBR 中;文件同时增加了 L/HIRF 防护系统、防护部件、防护特性等概念。为避免误解,2011 版 MSG－3 文件修订了相关说明,明确 LRU 内部的 L/HIRF 防护部件无需进行 MSG－3 分析,修订了 L/HIRF 分析程序中重复的内容及相关文字描述。2013 版文件进一步明确了 L/HIRF 分析范围、L/HIRF 重要维修项目(L/HIRF significant item, LHSI)的定义、在役数据的使用、任务选择的标准、保证计划的使用等问题。鉴于修订后的文件不再使用"L/HIRF 防护系统"一词,2015 年版文件删除了附录 A 术语表中的"L/HIRF 防护系统",同时修订术语表中"L/HIRF 重要项目"的定义,以说明哪些 L/HIRF 结构部件应作为 LHSI,此外术语表阐明了"L/HIRF 部件不可接受降级"的定义。为了明确 L/HIRF 分析包含所有维持飞机固有安全性的系统和结构防护部件,2018 版文件修订了 L/HIRF 分析程序中的相关文字说明。

　　本书基于 2018 版 MSG－3 文件阐述民用飞机 L/HIRF 分析程

序和方法,旨在为飞机 L/HIRF 重要维修项目(LHSI)给出制定初始最低计划维修任务和检查间隔的通用流程和方法。

L/HIRF 防护通过外部和内部 L/HIRF 防护部件实现。

1) 航线可更换单元(LRU)内部 L/HIRF 防护部件

L/HIRF 防护特性包含在 LRU 中。防护装置如滤波器针连接器、分离式/离散滤波器电容和瞬态保护器(瞬态电压抑制器)等,位于 LRU 内的一个或多个接口电路中。LRU 内部防护特性不需要开展 MSG – 3 分析。LRU 失效会对安全性产生不利影响,航空器制造厂家应和 LRU 制造厂家共同确定维修策略,以确保 L/HIRF 防护特性持续有效。该维修策略应包含特定的 LRU 部件维修手册(CMM)程序或局方可接受的其他数据资料,以便证明 L/HIRF 防护装置能持续执行其预定功能[13]。

2) 飞机上 LRU 外部 L/HIRF 防护部件

无论 L/HIRF 防护(除 LRU 内部防护外)确定为一个 LHSI 或部分 LHSI,都必须进行分析。典型的例子包括屏蔽电缆、电缆管道、搭接线、连接器、带导电网的复合材料整流罩以及结构的固有导电性等,也可能包括飞机的特定装置,例如,射频设备垫圈。

L/HIRF 防护项目的初始最低计划维修要求工作包括一般目视检查工作以及必要情况下的详细检查、特殊详细检查、功能检查、恢复或者报废工作。所有防护措施失效后对飞机安全性有不利影响或有重大运行性、经济性影响的 L/HIRF 防护系统、部附件(LRU 件内部的 L/HIRF 防护除外)都应当使用 MSG – 3 分析程序进行分析。

L/HIRF 防护明显退化的目视探测可包含在区域检查中,不要求进行额外的特定 L/HIRF 维修[14]。

对于 L/HIRF 防护分析,如下理念可用来判定无需专用的 L/HIRF 任务。

(1)可见 L/HIRF 防护(例如导线、屏蔽、连接器、搭接带、连接器之间或端接点之间的电缆通道)由区域检查处理。

(2)导线管或热缩套管内的 L/HIRF 防护,由区域检查通过确认保护罩完整性来处理。

(3)飞机金属结构的固有导电性的维修由区域检查处理,腐蚀问题则由结构检查处理。

(4)在相似位置和环境中,证明有良好实际使用性能的 L/HIRF 防护部件不要求进行详细评估,也不要求有专用的 L/HIRF 维修任务。

8.2 分析流程

本节基于 2018 版 MSG – 3 文件提出 L/HIRF 计划维修任务分析流程(图 8.1),主要包含分析对象确定、防护部件性能分析、安装环境分析、敏感性分析以及任务类型、任务间隔确定等主要步骤。

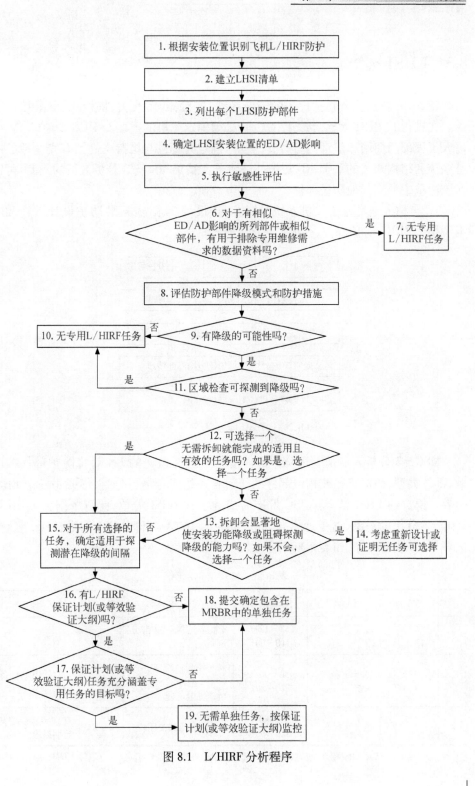

图 8.1　L/HIRF 分析程序

8.3 LHSI 选择

L/HIRF 防护主要包括设备的屏蔽导线、连接器、尾线夹、搭接线、屏蔽接地线等。在进行 L/HIRF MSG-3 分析之前,必须确定飞机的重要 L/HIRF 防护。TC 申请人工程部门使用适航部门可接受的程序确定并提供与维持飞机固有安全性的所有系统和结构相关的 L/HIRF 防护部件清单。基于 MSG-3 分析人员的判断,可以在该清单中补充其他防护部件。

TC 申请人通常基于飞机系统/结构防护设计要求与准则、防护设计措施和方案识别 L/HIRF 防护部件,具体如图 8.2 所示。

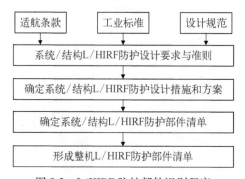

图 8.2 L/HIRF 防护部件识别程序

MSG-3 分析人员从上述防护部件清单中选择候选的 LHSI,将防护部件按区域、部件类型、搭接路径或相似部件的任何合理的集合进行分组,形成每一个 LHSI 边界。候选的 LHSI 清单经 ISC 批准后成为正式 LHSI 清单,此清单即为 L/HIRF MSG-3 分析的对象,清单通常包含了 ATA 号、ATA 名称、LHSI 编号、LHSI 名称、区域号、区域名称等,如表 8.1 所示。

表 8.1 LHSI 清单示例

序号	ATA 号	ATA 名称	LHSI 编号	LHSI 名称	区域号	区域名称
1	53-12-00	雷达罩	53-12-110-001	8 根雷达罩防雷击分流条	110	雷达罩
2	32-40-00	机轮刹车系统	32-40-120-001	刹车控制监视单元连接器 1U-322-P1 及所连屏蔽电缆	127	前电子电气设备舱后部-左侧
3	55-40-00	垂直安定面	55-40-320-001	7 根垂直尾翼搭接线	324/323	方向舵/垂直安定后缘

注: 不同的 TC 申请人,LHSI 编号方法、LHSI 命名方式有所不同,表 8.1 仅为示例。

　　LHSI 选择过程是一个工程判断过程,包含所有保护重要系统/结构的 L/HIRF 防护部件。对具有 L/HIRF 防护设计特性的系统或部件,不仅考虑其在环境造成的性能退化或发生偶然损伤(AD)的情况下,失去这些防护特性后结合 L/HIRF 事件可能对飞机安全性产生的影响,还要考虑对飞机运行性和经济性的影响。

8.4　L/HIRF 防护部件性能说明

　　LHSI 确定之后,首先对每个防护部件的特性进行分析,详细说明防护部件的性能及屏蔽/搭接通路,以明确可能导致区域内防护项目性能降低的因素及可能性。部件性能描述通常包括部件简图、材料组成情况、抗电偶腐蚀特性,以及耐高温、盐雾、振动等方面特性。

　　屏蔽/搭接通路因线缆屏蔽层或线束外层屏蔽端接位置不同,通路描述有所不同。屏蔽层端接位置通常包含连接器尾线夹、接地螺桩、接地模块、连接器针孔等。屏蔽层端接后与设备、支架或结构相连,形成接地通路,以抑制外来干扰,同时减少设备产生的干扰以防影响其他设备。

　　下面列举几种飞机上常见的屏蔽/搭接通路。

　　1) 屏蔽引线端接到尾线夹

　　屏蔽引线端接到尾线夹,通过设备壳体、搭接线与结构连接,形成通路,如图8.3 所示。

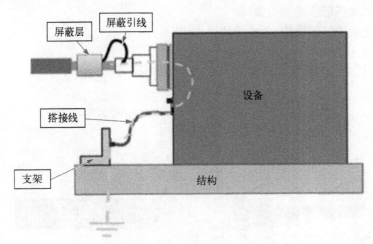

图 8.3　屏蔽引线端接到尾线夹

通路 1 描述如下:

(1) 屏蔽引线连接到尾线夹;

(2) 尾线夹连接到插头;

（3）插头通过插座连接到设备壳体；

（4）设备壳体与结构连接，形成通路；同时设备壳体通过搭接线与支架连接，支架与结构连接，形成通路。

2）屏蔽引线端接到接地螺桩

屏蔽引线端接到接地螺桩，通过支架与结构连接，形成通路，如图 8.4 所示。

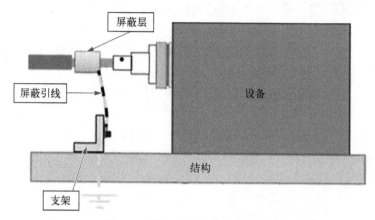

图 8.4　屏蔽引线端接到接地螺桩

通路 2 描述如下：

（1）屏蔽引线连接到接地螺桩；

（2）接地螺桩连接到支架；

（3）支架连接到结构，形成通路。

3）屏蔽层 360 度端接到尾线夹

屏蔽层 360 度端接到尾线夹，通过分离面与结构连接，形成通路，如图 8.5 所示。

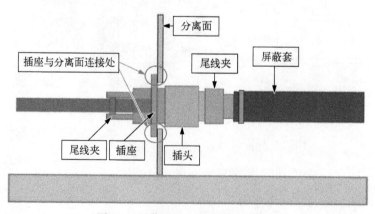

图 8.5　屏蔽层 360 度端接到尾线夹

通路 3 描述如下：

（1）屏蔽层连接到尾线夹；

（2）尾线夹连接到插头；

（3）插头与插座连接；

（4）插座与分离面连接；

（5）分离面与结构连接，形成通路。

8.5　L/HIRF 防护部件位置说明

不同防护部件，在飞机上的安装位置不同，所处区域环境不同。为便于后续环境损伤和偶然损伤分析，需对 L/HIRF 防护部件安装位置进行说明。通常给出防护部件安装位置图，并对区域环境进行说明，着重说明区域内本身包含的设备/部件及相邻区域（上/下/左/右区域）可能对防护部件所在区域环境造成的影响。

根据 L/HIRF 防护部件在飞机上的安装位置，本书从环境暴露情况考虑，将飞机环境分为三类。

（1）增压区内部（inside the pressure vessel，IPV）：最好的飞机环境，整个位置都在飞机增压区内部，比如客舱、货舱、驾驶舱、E/E 舱等。

（2）增压区外受保护部分（outside the pressure vessel protected，OPVP）：受保护的飞机非增压区，不会暴露在过多的环境影响因素中，比如尾椎、尾翼、前缘、机翼机身整流罩等。

（3）增压区外暴露部分（outside the pressure vessel exposed，OPVE）：恶劣的飞机非增压区，直接暴露在大量的环境影响因素中，比如主起落架、机轮、机翼后缘等。

8.6　L/HIRF 防护部件 ED/AD 敏感性确定

基于上述防护部件的特性分析和安装位置分析确定防护部件的 ED/AD 敏感性。首先确定防护部件 ED、AD 影响因素，通常借鉴区域 MSG－3 分析中的 ED、AD 影响因素分析，民用运输飞机 ED 因素通常考虑温度、振动、液体（厨房液体、厕所液体、液压油、防/除冰液、化学液体、燃油、湿气）和其他影响因素；AD 因素通常考虑地面设备操作（包括货物装载）、外来物、天气（如冰雹雨雪）、液体溅洒（包括运输液体货物可能的遗洒）、区域内维修活动等。

实际工程应用中通常采用矩阵法确定防护部件的 ED、AD 敏感度等级和敏感性。ED 敏感度等级是综合考虑防护部件环境等级和设计可靠性确定，最终的 ED 敏感度等级是选取所有影响因素中敏感度等级最严重的数值。同理，AD 敏感度等级也是选取所有影响因素中敏感度等级最严重的数值，防护部件最终的 ED/AD 综合敏感度等级是选取 ED 敏感度等级和 AD 敏感度等级中的最严重数值,进而可以确定防护部件的敏感性。

下面以某型号飞机冲压空气涡轮插头 A 为例(图 8.6),说明 ED、AD 敏感度等级评估和敏感性确定的过程。

ED敏感度等级	环境等级	敏感度等级
	2	2

AD敏感度等级	偶然损伤等级	敏感度等级
	1	1

综合的ED/AD敏感度等级	0	1	2	3
对ED/AD的敏感性	不敏感	敏感	敏感	敏感

图 8.6 防护部件 ED/AD 敏感性分析

示例采用数字 0、1、2、3 量化防护项目受 ED/AD 影响的程度,0 级表示几乎不受环境/偶然损伤影响,1 级表示受环境/偶然损伤影响较小,2 级表示受环境/偶然损伤影响较大,3 级表示受环境/偶然损伤影响很大。

当前,各民机制造商采用的敏感性评估方法和敏感度等级量化的方法各不相同,需要根据型号飞机的设计特征、使用环境、性能数据、试验数据、运营数据和工程经验等综合确定。

8.7 L/HIRF 防护部件降级模式分析

在敏感性分析的基础上,基于历史运营数据或相似环境中的相似部件判断防护部件是否需要 L/HIRF 维修任务,通常对 ED/AD 不敏感的防护部件不需要 L/HIRF 维修任务。如果敏感性分析结果与历史数据判定结果冲突,则提交工作组讨论确定是否需要维修任务及相应任务间隔。

评估后认为需要 L/HIRF 维修任务的防护项目,进一步评估防护部件的降级模式和防护设计措施。降级模式主要是从部件物理特性、功能性方面对性能降级和功能降级进行说明。民用飞机常见的防护部件降级模式主要有腐蚀、松动、断裂、变形、磨损和损坏等,具体如表 8.2 所示。

表 8.2 防护部件降级模式

防 护 部 件	降 级 模 式
连接器	破损、安装不牢固、腐蚀、松动、液体污染
尾线夹	损伤、安装不牢固、腐蚀、松动、液体污染

防 护 部 件	降 级 模 式
线缆屏蔽层	损伤、擦伤、局部扭曲、磨损、腐蚀、液体污染
搭接线	损伤、擦伤、变形、连接不牢固、腐蚀、松动、液体污染、电火花损伤
金属弹簧片	损伤、变形、腐蚀、松动
导电垫圈	损伤、腐蚀、磨损、变脆、变硬、液体污染
复合材料金属导电网	损伤、磨损、腐蚀

防护设计措施主要从防护部件本身的性能特征和安装工艺等方面考虑,比如尾线夹卡槽的凸纹与屏蔽层摩擦接触,防止松动;绝缘护套防止液体或湿气渗入,避免腐蚀;连接器为自锁式连接器,可防止松动;搭接线和机体连接使用自锁螺母和锁紧垫圈,可防止松动等。

8.8　L/HIRF 防护部件任务类型及任务间隔确定

根据降级模式分析判断,如果防护部件不存在降级的可能,则无需 L/HIRF 维修任务。对于存在降级可能,但能够被区域检查探测的防护部件也无需 L/HIRF 维修任务,剩余存在退化可能又无法被区域检查探测的防护部件需选择适用、有效的 L/HIRF 任务类型。

区域检查能否覆盖 L/HIRF 防护部件降级模式需考虑可接近性、可见性等因素。通常可见的 L/HIRF 防护部件,能够被区域检查覆盖。

当确定需要 L/HIRF 维修任务时,首先考虑不拆卸情况下是否存在适用有效的任务类型,可以探测防护部件的潜在降级。如果必须拆卸,需要评估可行性,因为拆卸可能会导致不可预期的额外退化或引起 LHSI 损伤。评估安装功能降级的可能性与拆卸的影响以及拆卸对探测防护部件降级的能力产生的负面影响。如果评估表明拆卸的负面影响超出 L/HIRF 维修的效益,则考虑重新设计或证明无任务可选择。

对于具体任务类型选择,通常通过 6 个问题进行任务有效性判断来确定适用有效的任务类型,如表 8.3 所示。

表 8.3　任务类型确定

任 务 类 型	任 务 选 择 问 题
一般目视检查 GVI	用一般目视检查探测功能降级是适用和有效的吗?
详细检查 DET	用详细检查探测功能降级是适用和有效的吗?

续　表

任 务 类 型	任 务 选 择 问 题
特殊详细检查 SDI	用特殊详细检查探测功能降级是适用和有效的吗？
功能检查 FNC	用功能检查探测功能降级是适用和有效的吗？
恢复 RST*	降低失效的恢复工作是适用和有效的吗？
报废 DIS*	避免失效或降低失效的报废工作是适用的吗？

注：标"*"的问题只适用于需拆卸的 L/HIRF 防护部件。

对上述 6 个问题逐一进行回答，一个防护项目可以产生多个任务，比如某型号飞机右外升降舵舵面位置传感器的连接器及所连屏蔽电缆和设备搭接线，产生 DET 和 FNC 两项任务。在选择分析任务类型时，分析人员必须综合考虑任务的适用性、有效性和经济性。

需要注意的是，对于不需要拆卸的维修任务，不需要选择"恢复"和"报废"任务类型，只需对前面 4 个问题进行回答。

关于任务间隔的确定，通常采用的方法是：先对 ED/AD 影响因素进行量化评级，再利用矩阵变换法确定综合等级，最后根据等级间隔对照表确定间隔。这是从 MSG－3 方法基础上发展起来的基于大量工程经验的具体方法。其中 ED/AD 影响因素的量化评级和综合等级的确定已包含在敏感性分析中，因此间隔确定的重点是制定等级间隔对照表。

鉴于我国制造的民用飞机型号少，起步晚，可靠性和维修性等数据有限，间隔值的确定可以借鉴国际上相似型号飞机防护项目的间隔，同时考虑供应商提供的推荐间隔值，最终数值的确定和选取很大程度上依赖于工程经验。基于此方法，我国某型号飞机 L/HIRF 防护部件等级间隔对照表如表 8.4 所示。

表 8.4　等级间隔对照表

综合的 ED/AD 敏感度等级	1	2	3
间隔值	96MO	48MO	24MO

为确保安全性，上述间隔值在考虑供应商推荐值并借鉴相似机型相关数据的基础上，选取了较为保守的数值。不同型号飞机，设计理念、运营环境和性能特征等不同，具体的评级方法、间隔值会有所不同。

8.9　L/HIRF 维修任务实施

为了保证飞机持续适航，在维修大纲基础上还需要制定 L/HIRF 防护计划，对飞机的防护效果进行监控,确认定期和不定期维修任务以及维修间隔是否合适,并且发现未曾预料到的防护降级。

如果型号飞机没有保证计划或等效验证大纲,则分析所得 L/HIRF 维修任务合并后直接放入 MRBR,通常归入系统/动力装置部分 ATA20 章。如果存在 L/HIRF 保证计划,则需将 MSG-3 分析所得 L/HIRF 维修任务与保证计划中的维修任务进行对比分析,如果能被保证计划任务覆盖,则无需专用 L/HIRF 维修任务。需要注意,当保证计划终止,TC 申请人有责任基于收集的数据确认是否需要专用的 L/HIRF 维修任务,即由保证计划监控的 L/HIRF 维修任务是否需放入维修大纲。

通过 L/HIRF MSG-3 分析生成的维修任务,通常合并后放入维修大纲,任务合并时需要考虑多方面因素,一般同时满足下列条件的 L/HIRF 维修任务可以合并为一条维修大纲任务:

(1) L/HIRF 防护项目(即任务对象)的类型相同或相似,如同为连接器、同为搭接线等;

(2) 任务间隔一致;

(3) 任务类型相同;

(4) L/HIRF 防护项目所处环境相似;

(5) L/HIRF 防护项目处于相同的维修区域。

8.10 分析实例

此处以某型国产民用飞机垂直尾翼搭接线为例,说明 L/HIRF MSG-3 分析的整个流程。共设计有 6 张分析表格。限于篇幅,分析实例部分内容经过改写和删减。

8.10.1 L/HIRF MSG-3 分析-LHSI 确定(LH-0)

飞机型号		L/HIRF MSG-3 分析		区域号: 320	区域名称:垂直尾翼	
LH-0		LHSI 确定				
LHSI 号	LHSI 名称	防护部件名称	SNS 编号	IPV/OPVP/OPVE	参见的 LHSI 号	适用性
55-40-320-001	7 根垂直尾翼搭接线	7 根垂直尾翼搭接线	55-40-00	OPVE	N/A	All

8.10.2 L/HIRF MSG-3 分析-L/HIRF 防护部件性能说明(LH-1)

飞机型号	LHSI号: 55-40-320-001	LHSI 名称: 7 根垂直尾翼搭接线
LH-1	SNS 编号: 55-40-00	
适用性	All	
	L/HIRF MSG-3 分析	
	L/HIRF 防护部件性能说明	

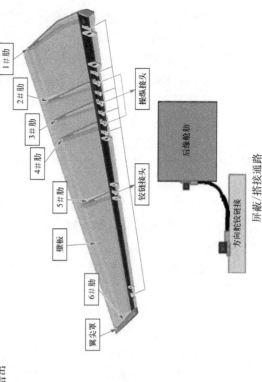

搭接线 M83413/8

部件性能描述(包括部件图、耐盐雾、高温、振动等方面特性):

M83413/8-G010BB搭接线性能:
符合 MIL-DTL-83413/8 标准,用于闪电防护搭接,铜导体,线规 AWG12,25.4厘米长
工作温度范围: -55℃~+105℃
耐盐雾: 48 h

屏蔽/搭接通路描述(对部件所在的 L/HIRF 屏蔽/搭接通路进行说明或者给出通路示意图):

屏蔽/搭接通路:
(1) 搭接线一端与方向舵铰链接头连接;
(2) 搭接线另一端与后缘舱肋连接

8.10.3 L/HIRF MSG－3 分析－L/HIRF 防护部件位置说明(LH－2)

飞机机型号	L/HIRF MSG－3 分析	LHSI 号: 55－40－320－001	LHSI 名称: 7 根垂直尾翼搭接线
LH－2	L/HIRF 防护部件位置说明	SNS 编号: 55－40－00	
适用性	All		

区域环境说明:

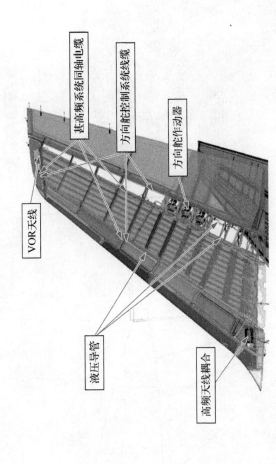

VOR天线

甚高频系统同轴电缆

方向舵控制系统线缆

方向舵作动器

液压导管

高频天线耦合

垂直尾翼内包含高频天线耦合器、液压管路、方向舵控制系统电线、甚高频系统同轴电缆、方向舵作动器、VOR 天线等。该区域是非增压暴露区,容易受温度、湿气和振动的影响

续 表

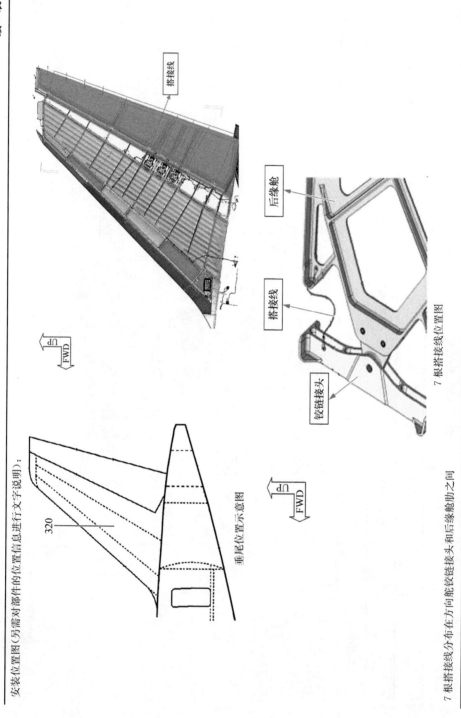

安装位置图(另需对部件的位置信息进行文字说明):

7 根搭接线位置图

7 根搭接线分布在方向舵铰链接头和后缘舱舱肋之间

8.10.4　L/HIRF MSG-3 分析-L/HIRF 防护部件敏感性确定(LH-3)

飞机型号	L/HIRF MSG-3 分析	LHSI 号: 55-40-320-001	LHSI 名称: 7 根垂直尾翼搭接线
LH-3	L/HIRF 防护部件 ED/AD 敏感性确定	SNS 编号: 55-40-00	
适用性	All		

环境损伤(ED)

影响因素	环境等级	敏感度等级
厨房液体	1	0
厕所液体	1	0
液压油	3	1
防/除冰液	3	3
化学液体	1	0
燃油	1	0
湿气	2	2
振动	3	3
温度	2	1
其他	1	0
ED 敏感度等级		3

备注:

偶然损伤(AD)

影响因素	偶然损伤等级	敏感度等级
地面操作设备	1	0
外来物损伤	1	0
天气影响	2	1
维修活动频度	2	1
液体溢出	1	0
乘客活动	1	0
其他		1
AD 敏感度等级		3

备注:

综合的 ED/AD 敏感度等级　　3

ED/AD 敏感性

综合的 ED/AD 敏感度等级	0	1	2	3
对 ED/AD 的敏感性	不敏感	敏感	敏感	敏感

对于有相似 ED/AD 威胁的所列部件或相似部件,有用于排除专用维修需求的数据资料吗?

是:

否: 无相关数据资料,7 根垂直尾翼搭接线对所在环境敏感,需要 L/HIRF 维护任务确保防护部件的完好性。

分析结束

8.10.5 L/HIRF MSG-3 分析-L/HIRF 防护部件降级模式分析(LH-4)

飞机型号	L/HIRF MSG-3 分析	LHSI号: 55-40-320-001	LHSI名称: 7根垂直尾翼搭接线
LH-4	L/HIRF 防护部件降级模式分析	SNS编号: 55-40-00	
适用性	All		
部件特征	降级模式	降级说明	
搭接线一端与方向舵铰链接头连接	搭接线与铰链接头连接处发生松动、腐蚀	使用螺栓和自锁螺母固定搭接线,防止松动,且在搭接线安装处涂敷密封剂,防止腐蚀	
搭接线另一端与后缘肋助连接	搭接线与后缘肋助连接处发生松动、腐蚀	使用螺栓和自锁螺母固定搭接线,防止松动,且在搭接线安装处涂敷密封剂,防止腐蚀	
搭接线	搭接线损伤	搭接线型号合适,且符合安装规范,不会与邻近设备、结构干涉,防止损伤	

是否存在降级的可能?

是: 7根垂直尾翼搭接线安装在垂直尾翼后缘舱,可能受液压油、防/除冰液、湿气、振动、温度、天气及维修活动频度影响,使防护部件降级

否:

降级是否能被区域检查探测到?

是:	否: 无区域检查任务探测到7根搭接线退化情况
分析结束	继续表 LH-5

分析结束

8.10.6 L/HIRF MSG－3 分析－L/HIRF 防护部件任务类型及任务间隔确定(LH－5)

飞机型号	L/HIRF MSG－3 分析	LHSI 号: 55－40－320－001	LHSI 名称: 7 根垂直尾翼搭接线
LH－5	L/HIRF 防护部件任务类型及任务间隔确定	SNS 编号: 55－40－00	
适用性	All		

任务类型选择

		任务适用性和有效性判断	回答是或者否	简要说明任务及选择理由
在不拆卸的情况下是否有适用和有效的任务?	是	GVI 是适用和有效的吗?	否	
		DET 是适用和有效的吗?	否	GVI 无法有效探测搭接线性能退化
		FNC 是适用和有效的吗?	是	DET 无法有效探测搭接线性能退化
		SDI 是适用和有效的吗?		FNC 可以有效探测搭接线性能退化

		拆卸会显著地使安装功能降级或能降低阻碍探测降级的能力吗?	否	
	否	任务适用性和有效性判断	回答是或者否	简要说明任务选择理由
		GVI 是适用的吗?		
	重新设计或证明无任务可选择	DET 是适用的吗?		
		FNC 是适用的吗?		
		SDI 是适用的吗?		
		RST 是适用的吗?		
		DIS 是适用的吗?		

续　表

任务间隔确定

综合的 ED/AD 敏感度等级	1	2	3	是否能被保证计划任务覆盖?
间隔值(MO)	96MO	48MO	24MO	否

注:

任务

MSG - 3 任务号	任务类型	间隔	任务描述	接近方式	是否能被保证计划任务覆盖?
55 - 40 - 320 - 001 - 01	FNC	24MO	功能检查 7 根方向舵铰链搭接线搭接是否退化	323AL/323BL/323CL/323AR/323DL/323EL	否

8.10.7　L/HIRF MSG - 3 分析-L/HIRF 任务汇总(LH-6)

飞机型号 LH - 6

L/HIRF MSG - 3 分析

LHSI 号	MSG - 3 任务号	任务类型	IPV/OPVP/OPVE	间隔	接近方式	任务描述
55 - 40 - 320 - 001	55 - 40 - 320 - 001 - 01	FNC	OPVE	24MO	323AL/323BL/323CL/323AR/323DL/323EL	功能检查 7 根方向舵铰链搭接线搭接是否退化

L/HIRF 任务汇总

区域号: 320　　区域名称: 垂直尾翼

任务描述	适用性	保证计划任务编号	MRBR 任务号
功能检查 7 根方向舵铰链搭接线搭接是否退化	All	N/A	20 - 00 - 32 - 03 - 01

注:对于无任务产生的 LHSI,"MSG - 3 任务号""任务类型""间隔""接近方式""保证计划任务编号"和"MRBR 任务号"栏填写"N/A","任务描述"栏填写"无计划维修任务";对于有任务产生,但无能被保证计划任务覆盖的 LHSI,"保证计划任务编号"栏填写被保证计划任务覆盖的 LHSI,"保证计划任务编号"栏填写"N/A"。

第 9 章　适航限制部分

■
　■
　　■
　　　■

9.1　审定维修要求

9.1.1　CMR 背景

在适航规章条款 25.1309 以及 25.671、25.783、25.901 中,均有关于失效的严重程度和失效概率呈反比的一般性要求,即失效的后果越严重,要求失效的概率越低,且必须通过适当的符合性方法来验证。条款 25.1309 如表 9.1 所示。

表 9.1　CMR 相关适航条款

条款号	条　款　内　容
第 25.1309 条 设 备、系 统 及 安装	(b) 飞机系统与有关部件的设计,在单独考虑以及与其他系统一同考虑的情况下,必须符合下列规定: (1) 发生任何妨碍飞机继续安全飞行与着陆的失效状态的概率为极不可能; (2) 发生任何降低飞机能力或机组处理不利运行条件能力的其他失效状态的概率为不可能。 (d) 必须通过分析,必要时通过适当的地面、飞行或模拟器试验,来表明符合本条(b)的规定。这种分析必须考虑下列情况: (1) 可能的失效模式,包括外界原因造成的故障和损坏; (2) 多重失效和失效未被检测出的概率; (3) 在各个飞行阶段和各种运行条件下,对飞机和乘员造成的后果; (4) 对机组的警告信号,所需的纠正动作,以及对故障的检测能力

然而,随着科学技术的发展,飞机系统的复杂性大大增加,系统集成化程度越来越高,存在各种隐性故障及隐性故障的组合,加上工业界和适航当局对条款理解上的差异,导致在判断飞机设计是否符合适航规章要求时,遇到了很大的困难。为此 FAA 于 1982 年 9 月 7 日颁发了咨询通告(advisory circular, AC) 25.1309 - 1 "System

Design and Analysis",以统一工业界和适航当局对条款的理解,同时提供了条款的符合性方法,其中首次正式提出 CMR 是一种可接受的符合性方法。1994 年 11 月 28 日,FAA 颁发了 AC 25 – 19"Certification Maintenance Requirements",将 CMR 的定义和制定过程进一步标准化。2011 年 10 月 3 日,FAA 颁发了 AC 25 – 19A,替代原先的 AC 25 – 19,此为针对 CMR 的最新有效的咨询通告。

CMR 项目是在飞机设计审定过程中确定的定期维修工作项目,作为型号合格证(type certificate,TC)或补充型号合格证(supplemental type certificate,STC)使用限制部分,也是审定过程中制定的持续适航文件(instructions for continued airworthiness,ICA)的一个子集。CMR 用来探查对飞机安全有重要影响的潜在失效,此种潜在失效与一个或多个其他失效/事件结合,会造成飞机危险性或灾难性失效状态的发生。同时,CMR 也可用于制定检查要求,以探查部件将要出现的磨损,而该磨损会导致危险性或灾难性的失效状态[15]。

CMR 项目通常来源于正规的数值分析结果,用于表明对于灾难和危险的失效状态要求的符合性,此外,CMR 项目也可以从基于工程经验的定性分析中获得。任何系统设计,应使得对飞机安全有重要影响的潜在失效状态最少化,实用且可靠的监控和/或告警系统可作为首选方法来暴露这一类重大的潜在失效以代替 CMR 项目。如果对系统增加实用且可靠的监控和/或告警系统设备的成本大,而增加一个 CMR 项目的维修成本小,在这种情况下,增加一个 CMR 项目,对于 TC 申请人和运营人来说不失为一种选择[16,17]。

9.1.2　CCMR 分析流程

在确定 CMR 之前,需要通过定量的安全性分析,先识别出 CMR 候选项(CMR candidate,CCMR)。基于定量的安全性分析的 CCMR 任务分析流程如图 9.1 所示[16]。

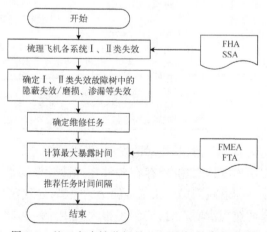

图 9.1　基于安全性分析的 CCMR 任务确定流程

流程图中的主要工作内容说明如下。

（1）梳理飞机各系统 I、II 类失效：针对飞机所有机载系统，基于 FHA/SSA 分析结果，确定 I、II 类失效。对于应急系统，如氧气、防火等，除梳理 FHA/SSA 中的 I、II、III 类失效状态，还应考虑结合应急事件的发生而导致的 I、II 类失效状态。对于 I（灾难性的）、II 类失效及对应允许发生的概率请参见表 9.2。

表 9.2　失效状态和允许发生的概率

失 效 类 别	允许发生的概率
灾难性的（catastrophic，I 类） 失效会导致多人死亡，通常伴随着飞机失事（注：灾难性失效也可定义成会导致飞机不能继续安全飞行和着陆的失效）	极不可能的（extremely improbable） ◆ 定性：该型号的所有飞机在整个运营周期里不太可能发生； ◆ 定量：小于 10^{-9}/FH
危险的（hazardous，II 类） 失效会降低飞机或者机组应对不利状况的能力，以至于： ◆ 大幅降低功能特性或安全裕度； ◆ 机组由于生理上的痛苦或过高的工作负荷不能正确、完整地执行任务； ◆ 少数乘客或者机组成员严重受伤或者死亡	极微小的（extremely remote） ◆ 定性：单架飞机生命周期内不可能发生，但该型飞机整个机队的生命周期内可能会遇到少数几次； ◆ 定量：小于 1×10^{-7}/FH 但大于 1×10^{-9}/FH

（2）基于 I、II 类失效状态构建的故障树最小割集中查找隐蔽失效，或者严重磨损相关的失效。

（3）针对隐蔽失效，制定合适的 CCMR 维修任务，并确保制定的任务能够探查到隐蔽失效或探查到磨损是否即将超过限定值的明显失效。

（4）根据故障树的逻辑关系计算 CCMR 任务的最大暴露时间。

（5）在最大暴露时间的基础上，确定 CCMR 任务的推荐任务时间间隔。在小于最大暴露时间的前提下，推荐的任务时间间隔应尽量与 MRB 的维修间隔政策框架相协调。

除通过定量的安全性分析产生 CCMR 外，CCMR 包括任务及对应的间隔，也可以通过定性的工程判断产生，相关判断证明材料应包含 CCMR 产生的逻辑以及支撑该逻辑的数据和经验基础[16]。

9.1.3　CMR 的确定

型号合格证申请人将分析得出的 CCMR 项目，提交审定维修协调委员会（Certification Maintenance Coordination Committee，CMCC）进行评审，由 CMCC 决定 CCMR 项目是否成为 CMR 项目。CMCC 的委员一般由型号合格申请人指定代表、工业指导委员会（ISC）主席或其指定的用户代表、局方型号合格证审定专家和 MRB 主席等组成，通过召开 CMCC 会议的方式开展工作。会议一般由型号合格证申请人召集,型号合格证申请人代表及相关的工程技术人员以及 CMCC 各位委员与会。确定 CMR 项目的工作流程如图 9.2 所示,主要包括以下内容:

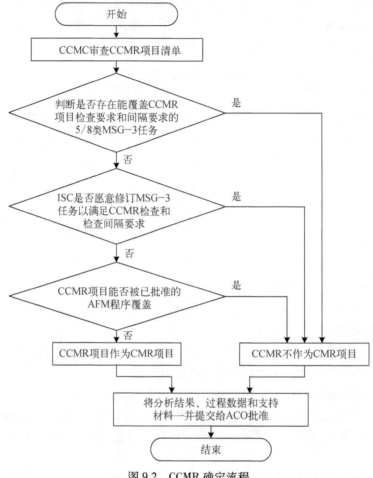

图 9.2　CCMR 确定流程

（1）CMCC 审查型号合格证申请人提交的 CCMR 项目清单及相应支持材料;

（2）CMCC 确定现有 MSG－3 任务中是否存在能覆盖对应 CCMR 项目检查要求和间隔要求的安全类别任务（5 类/8 类任务）;

（3）如果存在,则 CCMR 可以不作为单独的 CMR 项目,否则征询 ISC 的意见,能否修订 MSG－3 任务,以满足 CCMR 检查要求和间隔要求;如果 ISC 同意修订 MSG－3 任务以满足相关要求,则 CCMR 可以不作为单独的 CMR 项目,否则检查当前已经批准的飞机飞行手册（aircraft flight manual, AFM）,确认是否有可以覆盖 CCMR 项目的机组检查程序,如果有,CCMR 可以不作为单独的 CMR 项目,否则该 CCMR 项目就成为单独的 CMR 项目;

（4）将上述分析过程和结果记录下来，连同相应的支持材料，提交给飞机审查办公室（aircraft certification office，ACO）批准。批准过后的 CMR 项目即成为型号合格证或补充型号合格证使用限制部分。

9.1.4　CMR 任务与 MSG－3 任务的区别与联系

尽管 CMR 任务和 MSG－3 任务可能产生相同的维修任务和任务间隔，并且在各自制定流程中也有着相互协调[18]，如图 9.3 所示。

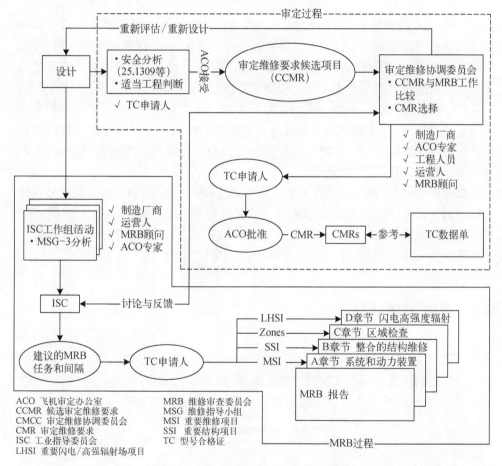

图 9.3　CMR 任务和 MSG－3 任务协调

但是这两种维修任务在分析方法、任务目的等方面是截然不同的。MSG－3 任务是通过 MSG－3 分析逻辑产生的，是一种定性分析方法，即使在选择维修间隔时，也大多是根据积累的维修数据和工程经验，来选择最合适的间隔。MSG－3 任务的目的是为新型号飞机建立初始的计划维修任务和任务间隔，通过定期检查和维修，使该型飞机保持原有的安全和可靠水平。而 CMR 任务是基于系统安全性分析,通过定量分析制定出来的[19]。CMR 任务的主要目的是探查对飞机安全性可能造成重大影响的潜在失效,并限制潜在失效的暴露时间,从而保证相关事件的失效概率满足适航规章相应的定量要求。CMR 产生的根本原因是在现有技术条件下,由于受到成本、重量、可靠性等诸多因素限制,无法采用故障监控等技术手段,将隐性失效变为显性失效,只得对那些有重大安全隐患的隐性失效实施人工定期检查[19,20]。

9.1.5　CMR 项目的管理

　　CMR 项目在单独的 CMR 文件中列出,并在型号合格证数据单中提及。CMR 文件的最新更改应由一份审定局方批准的页码记录控制,用这个办法,取证以后对 CMR 项目的更改,将不要求对型号合格证数据单进行修改。由于 CMR 项目是基于统计平均值和可靠度产生,因此在某一特定时间段内,对于一架飞机 CMR 时间间隔的"特殊短期延长"是不会危及飞行安全的。任何对 CMR 时间间隔的特殊短期延长必须在 CMR 文件中定义并进行详细解释。然而不应对同一架飞机或运营机队中类似飞机重复进行这种特殊短期延长作为良好管理工作的替代方法,短期延长不得用作机群 CMR 的延长。

　　取证以后对 CMR 项目的任何更改都应通过 CMCC 评审,且必须得到型号设计的审定局方的批准。这些更改包括增加或删除某项 CMR 任务,或者对某项 CMR 任务时间间隔的延长或缩短。更改过程的评审应按照初始审定流程进行,运营人同样需要参与这个过程以便更好地管理自己的维修方案[16]。

9.2　适航限制项目

9.2.1　ALI 背景

　　适航限制项目是指包含在适航限制部分(airworthiness limitations section, ALS)的项目,通常包含检查内容要求和间隔要求[21]。相关的适航条款见表 9.3。

表 9.3　ALI 相关适航条款

条 款 号	条 款 内 容
25.571 结构的损伤容限和疲劳评定*	a(3) 根据本条要求的评定,必须制订为预防灾难性破坏所必须的检查工作或其他程序,并必须将其载入第 25.1529 条要求的"持续适航文件"中的"适航限制章节"中。对于下列结构类型,必须在裂纹扩展分析和/或试验的基础上建立其检查门槛值,并假定结构含有一个制造或使用损伤可能造成的最大尺寸的初始缺陷: (i) 单传力路径结构和(ii) 多传力路径"破损-安全"结构以及"破损-安全"止裂结构,如果不能证明在剩余结构失效前传力路径失效、部分失效或止裂在正常维修、检查或飞机的使用中能被检查出来并得到修理的话

条　款　号	条　款　内　容
25.981 燃油箱点燃防护	(d) 必须建立必要的关键设计构型控制限制（CDCCL）、检查或其他程序，以防止：依照本条(a)的燃油箱系统内形成点火源；油箱可燃性暴露时间超过本条(b)的允许值；以及按照本条(a)或(c)采用的任何措施的性能和可靠性的降低。这些 CDCCL、检查和程序必须纳入第 25.1529 条所要求的持续适航文件的适航限制部分。飞机上可预见的维修行为、修理或改装会危及关键设计构型控制限制的区域内，必须设置识别这些关键设计特征的可视化措施（如用导线的颜色编码识别隔离限制）。这些可视化措施也必须被认定为 CDCCL
附录 H 持续适航文件*	H25.4 适航限制部分 (a) 持续适航文件必须包含标题为适航限制的部分，该部分必须单独编排并与文件的其他部分明显地区分开来。该部分必须规定： 　(1) 按第 25.571 条批准的每一个强制性的更换时间、结构检查时间间隔以及相关结构检查程序； 　(2) 对燃油箱系统的每一个强制性的更换时间、结构检查时间间隔以及按第 25.981 条批准的所有关键设计构型控制限制； 　(3) 25.1701 条定义的 EWIS 部件的任何强制更换时间。 (b) 如果持续适航文件由多本文件组成，则本节要求的这部分内容必须编在主要手册中，必须在该条显著位置清晰说明：本适航限制部分经过适航当局批准，并规定了中国民用航空规章有关维护和营运的条款所要求的维护，如果适航当局已另行批准使用替代的大纲则除外

*　CFR 14 PART 25 修正案 25-132 对 §25.571 和附录 §H25.4 新增了广布疲劳的要求，而 CCAR-25-R4 未纳入该修正案的内容。新增要求是在 25.571 a(3) 条款增加表述"用于支持结构维护大纲的工程数据有效性限制（limit of validity, LOV）可以用总累计飞行循环数或飞行小时数或两者同时来表示。根据本条制定的 LOV 必须包括在 25.1529 规定的持续适航文件的适航限制章节中。"以及附录 H25.4(a)款增加"(4) 用于支持结构维修大纲的工程数据有效性限制，该限制可以用总累计飞行循环数或飞行小时数，或两者来表示，并根据 25.571 条进行批准。除非在全尺寸疲劳试验结束后批准了 LOV，否则飞机所累计的循环次数不能超过试验机累计次数的 1/2。"

除上述条款外，条款 25.1309 要求的 CMR，尽管在附录 H25.4 适航限制部分没有明确包含在内，但通常也被视作适航限制部分的子集。

按照符合的条款，可以将适航限制部分划分为结构部分和系统部分[22]。结构部分主要基于 25.571 条"结构损伤容限和疲劳评定"，根据疲劳和损伤容限分析结果，制定安全寿命件适航限制项目、损伤容限适航限制项目和结构有效性限制项目。系统部分主要基于 25.981 条和 25.1701 条，分别针对燃油箱关键设计构型控制制（CDCCL）和 EWIS 定义中涉及限制的项目。

9.2.2　结构适航限制项目

结构适航限制项目包括安全寿命适航限制项目、损伤容限适航限制项目和结构有效性限制项目[23]。

1）安全寿命适航限制项目

安全寿命适航限制项目是为确保飞机安全而对部分结构制定的寿命限制要求。如果安全寿命适航限制项目发生损伤，可能会导致飞机发生灾难性后果。在制定安全寿命限制项目时，首先需要确定 25.571 条款适用的结构项目，即哪些结构是安全寿命结构,典型的如起落架结构等;然后开展疲劳分析,辅以疲劳试验,计算出强制性更换时间,说明这些结构在其服役寿命期内,能够承受预期的重复载荷而不会出现损伤。典型的安全寿命限制项目如表9.4所示。

表9.4 安全寿命适航限制项目表

编 号	零件名称	零件编号	区 域	寿命限制值	适用性
52-80-02-01	主起落架缓冲支柱(左)	2505A0000-05	734/744	8600FC	型号架次

2)损伤容限适航限制项目

损伤容限适航限制项目是根据主要结构件(primary structure element,PSE)的损伤容限分析结果,提出的检查要求。在确定损伤容限适航限制项目时,首先需要针对按损伤容限设计的PSE,开展损伤容限分析,包括裂纹扩展分析和剩余强度分析;同时开展典型PSE的损伤容限试验、疲劳试验;根据分析结果和试验结果评定检查要求、检查门槛值和重复检查间隔,列入损伤容限适航限制项目[24]。典型的损伤容限限制项目如表9.5所示。

表9.5 损伤容限适航限制项目表

编 号	检查对象	区 域	检查方法	检查门槛值	重复检查间隔	适用性
52-10-03-01	后登机门蒙皮和开口	834/844	目视检查	24000FH	12000FH	型号架次

3)结构有效性限制(limit of validity,LOV)项目

结构有效性限制项目是根据广布疲劳损伤分析结果制定的。首先确定飞机广布疲劳损伤敏感结构,包括可能发生多部位损伤/多元件损伤的区域;开展广布疲劳损伤分析,并选取典型结构部位,如机身壁板、机翼壁板,开展疲劳试验;同时采用全尺寸疲劳试验验证飞机结构在有效性限制内不会产生广布疲劳损伤;最终根据广布疲劳损伤分析结果和试验结果得到飞机LOV项目和局部结构LOV项目。典型的结构有效性限制项目如表9.6和表9.7所示。

表9.6 飞机有效性限制

飞机型号	飞机的有效性限制
某型号飞机	48000FC/60000FH

表9.7 局部结构有效性限制

编 号	描 述	区 域	有效性限制/结构修改点	适用性
53-40-01-10	更换/修改XX框站位前机身中机身对接接头	231/232	50000FH/50000FH	型号架次

9.2.3　系统适航限制项目

系统适航限制项目主要包括电气线路互联系统（electrical wiring interconnection system，EWIS）适航限制项目和燃油系统适航限制项目。

1）电气线路互联系统适航限制项目

根据 25.1701 条的定义，电气线路互联系统是指任何导线、线路装置，或其组合（包括端点装置），安装于飞机的任何部位用于两个或多个端点之间传输电能（包括数据和信号）。现有研究表明，飞机（特别是老龄飞机）普遍存在线路老化、线路损伤、线路连接器破损、不正确的线路安装和修理等问题，极易引发事故或灾难。因此，在 CCAR 25 部附录 H"持续适航文件"a（3）条明确"25.1701 条定义的 EWIS 部件的任何强制更换时间"也属于适航限制部分。

在 MSG-3 的增强区域分析中，也会产生 EWIS 的计划维修任务，但是这部分任务不属于 EWIS 适航限制项目。

2）燃油系统适航限制项目

民用飞机燃油箱系统点火源防护持续适航相关的条款主要是 CCAR25.981（d）条款。AC 25.981-1D 对燃油箱系统点火源防护持续适航工作也给出了指导。关键要求为：制定 CDCCL、检查或其他程序，保证点火源防护特征的不退化和不降级。同时，这些 CDCCL 项、检查和程序必须纳入持续适航文件的适航限制部分[25]。

CDCCL 是阻止燃油箱被点燃的那些设计特征，典型的 CDCCL 如表 9.8 所示。CDCCL 确定之后，应在相关区域设置 CDCCL 的可视性标记，并且以适当的形式在维修程序中进行提示或说明，以防止这些关键设计特征被更改[26]。

表 9.8　燃油系统典型 CDCCL 项目

序号	描　　述	需保持的设计特性
1	燃油箱外测量电缆的金属屏蔽	金属屏蔽完好，不应出现损坏、腐蚀、磨损等现象，金属屏蔽搭接良好
2	油箱内的油量测量电缆	防止点火源—油箱内油量测量电缆应支撑固定完好，卡箍及绑扎无松脱，确保与结构的间隙大于或等于 0.5 英寸①（穿过结构件处电缆若做好固定、保护，则除外），电缆绝缘及保护完整，不应出现损坏、腐蚀、磨损等现象
3	油箱外的油量测量电缆	油箱外油量测量电缆应固定完好，卡箍及绑扎无松脱，油量测量电缆与临近电缆的间隔应大于或等于 1 英寸，与临近供电电缆距离应大于或等于 2 英寸，电缆绝缘及保护完整，不应出现损坏、腐蚀、磨损等现象。油量测量电缆及临近油量测量电缆的电缆都需要精确控制长度（不允许盘绕）

---

① 1 英寸＝2.54 厘米。

续　表

序号	描　述	需保持的设计特性
4	油箱外邻近油箱和导管的电缆	电缆应固定完好,卡箍及绑扎无松脱,电缆绝缘及保护完整,不应出现损坏、腐蚀、磨损等现象。正常情况下,必须保证电缆与导管间隔应不小于 0.5 英寸,供电电缆与燃油箱距离应不小于 2 英寸
5	油箱口盖	保持油箱口盖和机翼蒙皮特定结合面的导电特性,搭接电阻应小于或等于 10 毫欧

　　CDCCL 确定之后,还需要制定相应的检查任务、检查门槛值和重复检查间隔,作为适航限制项目,确保 CDCCL 点燃防护特性不被破坏或退化。例如,对表中序号为 5 的 CDCCL 项目,可以制定"功能检查口盖与油箱壁板搭接电阻,确认电阻值小于等于 10 毫欧"的检查任务,检查门槛值和重复检查间隔均为"8000FH/8000FC/48MO"。

　　此外,由于 25.981(b)条款要求降低机队平均可燃性暴露时间,大多数 TC 申请人选择安装惰化系统来符合该条款。因此惰化系统也需要制定 CDCCL 和相应的检查程序和检查间隔,防止降低机队平均可燃性暴露时间或者减轻点燃影响的设计特征的破坏或性能退化,其要求与燃油系统类似。

第10章 趋势与展望

10.1 概述

目前,民机维修模式以 MSG - 3 逻辑分析框架下制定的 MRB 为基础,综合型号审定维修要求项目(CMR)、适航限制项目(ALI)以及适航指令(AD)和服务通告(SB)等形成维修计划文件(MPD),在此基础上考虑用户的飞机实际运行状况、维修能力等最终形成用户维修方案用于指导日常的维修生产,确保飞机投入运营后的持续适航。近半个世纪的实践证明了这一模式的有效性,也获得了各国适航管理局方的认可,已成为行业内一种实质上的标准模式和规范。

然而,随着系统/结构健康监测技术的发展,现行计划维修任务分析标准规范(如 MSG - 3),如何吸收融合这些先进的理念和方法以不断对自身进行完善和改进成为目前国外行业内研究的热点。IMRBPB 从 2007 年开始推动相关方面的研究,先后发布 IP92、IP105、IP180 三份直接相关的文件,特别是 IP180 对如何将飞机健康监控(aircraft health monitoring, AHM)纳入当前 MSG - 3 文件给出了具体建议。相关建议有可能会被 MSG - 3 的 2021 版采纳。因此本章将对故障预测健康管理(prognostics and health management, PHM)以及飞机 AHM 相关研究内容作简单阐述。

10.2 故障预测与健康管理

所谓故障预测,即预测性诊断部件或系统完成其功能的状态,包括确定部件的残余寿命或正常工作的时间长度。所谓状态管理,是根据诊断/预测信息、可用资源和使用需求对维修活动做出适当决策的能力。

PHM 代表了一种方法的转变,即从传统的基于传感器的诊断转向基于智能系统的预测。PHM 重点是利用先进的传感器(如涡流传感器、小功率无线综合微型传感器、无线微机电系统的集成),并借助各种算法(如 Gabor 变换、快速傅里叶变换、离散傅里叶变换)和智能模型(如专家系统、神经网络、模糊逻辑等)来预测、监控和管理飞机的状态。这一技术的实现将使原来由事件主宰的维修(即事后维修)或时间相关的维修(即定期维修)向基于状态的维修转变。

传统飞机嵌入式诊断的目的是试图向驾驶员或维修、后勤保障人员提出警告,提示飞机中的某一部件不再正常工作(即发生了故障)。问题是,检测和报告故障的传感器本身也可能出现故障,而且某些真实故障是间歇性的,它们出现在特定的环境条件下,而在其他条件下自动恢复正常。这两类问题的结果是导致维修和供应链频繁出现故障不能复现和重测合格等情况。不正确的诊断不但造成飞机不必要的停飞和多余的零部件更换工作,还会导致维修人员丧失对诊断结果的信任。

PHM 则借助人工智能(artificial intelligence, AI)的推理机(如专家系统、神经网络、模糊逻辑或遗传算法)来解决上述问题。AI 推理机在报告一个故障前,通常通过一种回归分析来考虑所有相关的传感器数据。而且,检测出故障时的环境条件也被记录下来,并报告给 AI 推理机。这些智能推理机经过事先训练,可以非常精确地模仿和识别机器的状态属性及其故障模式。PHM 系统的预测能力是 PHM 区别于以往系统的诊断工作的另一特点。智能诊断系统的研究表明,在系统的各种变量(如振动模式、温度、压力、电阻等)的关系或水平上的微小变化是故障的先兆,可以借此可靠地预计未来的故障(小波变换理论)。究竟可以争取到多长的超前于故障的时间,是根据系统类型的不同而变化的。对于可能引起灾难性的二次损伤的系统故障,即使争取超前于故障仅几分钟的时间,也对提高飞行安全非常有用。相反,对于即将发生故障的告警时间的最小准则是,必须允许飞机能安全返回着陆。其他预测性告警如对腐蚀维修的需求可能要保证数天或数个星期的超前时间。这样,PHM 可以将传感器故障或部件的间歇故障转变成不影响任务成功的计划性维修事件。

10.3 民机 AHM 技术应用

PHM 技术应用在民用飞机上,也就成了飞机健康监控(AHM)。AHM 通过人工智能、先进传感器、先进通信技术等的综合,朝着更加综合化、标准化和智能化的方向发展,使得飞机能对故障进行推理、诊断、预测,并能给出解决方案建议。

目前,世界各大著名的航空制造企业为争夺全球市场,对提高飞机的安全性、可靠性、维修性和降低飞机的劳动成本给予了越来越多的重视。如波音 777,安装约有 4 万多个感测器,利用所测得的数据确定局部应力是否有裂纹的扩展,对飞机寿命周期中可能出现的鸟撞、硬着陆及其他事故进行状态分析,利用完好状态管理技术进行应对分析,以达到提高降低维修成本的目的。波音 B787 飞机通过大量采用复合材料、开放式的系统结构,并在复合材料结构中嵌入先进的状态监控系统等手段,使其机械系统复杂性减少了 50% 以上。空客对 A380 的可维修性也给予了高度重视,在飞机的设计阶段便充分考虑了日后的维修难度和成本,为 A380 增加了状态监控系统,设计了机载维护系统和机载信息系统,可对飞机系统的状态进行全面监控。

波音(Boeing)、空客(Airbus)、巴西航空工业公司以及庞巴迪宇航集团等主要民机制造商也将 PHM 融入基于 MSG - 3 的维修大纲制定中,以巴西航空工业公司的 ERJ190 为例,在其维修大纲中增加了计划式结构健康监测任务 (scheduled structure health monitoring,S - SHM),其制定后的维修大纲如图 10.1 所示。引入视情维修后,每 12 000 飞行循环(flight cycle,FC)可以减少 120 人工时。

10.4　AHM 与 MSG - 3 的融合

IMRBPB 对 AHM 相关技术进行了多年跟踪研究,先后发布了多份 IP,最终在 IP 180 中对 AHM 融入 MSG - 3 给出了指导方法。根据 IP 180,未来 MSG - 3 分析逻辑将通过增加新的任务类型——AHM 任务,以及新的分析层级——Level 3 分析来融入 AHM。

10.4.1　AHM 任务

IP 180 将 MSG - 3 原来经过 Level 1 分析和 Level 2 分析产生的任务称作经典任务,并加以保留,另外新定义了一类任务:一组利用 AHM 能力的替代经典任务的程序/动作/任务,一般包含两种 AHM 候选任务类型。

(1) AHM 替代任务:能经典任务所有失效原因。AHM 的功能/能力能满足传统维修任务的所有需求,即可以通过 AHM 监测失效原因(部件)的状态(好坏/退化),该类 AHM 候选任务定义为 AHM 替代任务。这是一个由 AHM 功能完全等效传统任务,它可以改变维修任务类型或程序。

(2) AHM 混合任务:AHM 的功能/能力可满足传统维修任务的部分需求,即可以通过 AHM 监测失效原因(部件)的部分状态(好坏/退化),该类 AHM 候选任务定义为综合 AHM 维修任务。这是一个由 AHM 补充的传统任务,它可以改变范围、间隔或任务程序。在这种情况下,AHM 不能完全满足传统任务的目的——即并非失效原因的所有状态都能被 AHM 覆盖(监测)。

MRBR Task Number	Zones	Type Cat-egory	Title Description Note Access Panels	Applicability	Interval (I: Interval, T: Threshold)		
			EMBRAER 190 MAINTENANCE REVIEW BOARD REPORT				
55-20-001-0407	337 347	S-SHM	ELEVATOR STRUCTURE-INTERNAL *Inspection of Elevator Structure, LH/RH, by using Structures Health Monitoring equipment-Internal Side of Elevator*	ALL	T: XX MO	I: YY MO	
55-20-002-1000	337 347	DET	ELEVATOR HINGE AND ACTUATOR FITTINGS-INTERNAL *Detailed Inspection of Elevator Hinge and Actuator Fittings, LH/RH-Internal Side at Rear Spar and Elevator Area.*	ALL	T:	FC	I: FC
55-20-004-0406	337 347	GVI	ELEVATOR FRONT SPAR FORWARD FACE, LH/RH-INTERNAL *General Visual Inspection of Elevator Front Spar Foward Face, LH/RH-Internal*	ALL	T:	FC	I: FC

图 10.1 ERJ190 的维修大纲样例

10.4.2　Level 3 分析

在完成 MSG – 3 Level 1 和 Level 2 分析之后,如果产生的经典任务的失效原因,能被飞机的 AHM 能力监测到,那么这些失效原因就定义成 AHM 候选项。需要针对这些 AHM 候选项,开展 Level 3 分析,然后确定是否有 AHM 候选任务,如果有,是 AHM 替代任务还是 AHM 混合任务? Level 3 的分析流程如图 10.2 所示。

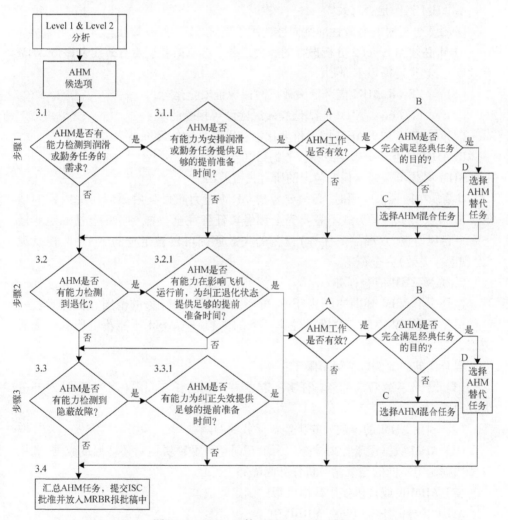

图 10.2　MSG – 3 第三层(Level 3)分析

Level 3 分析包含三个主要分析步骤。

1) 步骤 1

3.1　AHM 是否有能力检测到润滑或勤务任务的需求?

回答该问题时,需要确认指示(直接或者间接)润滑/勤务的需求能被 AHM 获得。

3.1.1　AHM 是否有能力为安排润滑或勤务任务提供足够的提前准备时间?

AHM 必须能够在功能丧失前及时提醒运营人,使其能够在下一次合适时机安排润滑/勤务任务。在回答该问题时,必须考虑纠正性措施的方便度以及准备时间(例如,在外站/航线,还是机库? 是否有备件等)。

A. AHM 工作是否有效?

Level 2 分析时的有效性准则同样适用于确定 AHM 的有效性。

AHM 必须和 Level 2 分析选择的经典任务一样有效甚至更有效。在评估 AHM 有效性时,必须遵循以下原则:

(1) 对 FEC 8,AHM 能降低失效风险以保证安全运行;

(2) 对 FEC 6&9,AHM 能降低失效风险到可接受的水平;

(3) 对 FEC 7&9,AHM 的代价要比潜在重复失效的代价小。

B. AHM 是否完全满足经典任务的目的?

AHM 必须覆盖经典任务包含的所有失效原因。

注意:在回答该问题时,必须要考虑 AHM 能力超过失效原因相关内容的情形。AHM 失效原因的方式不需要完全和经典任务完全一样,例如,定性的经典任务——目视检查(发现故障任务)覆盖的失效原因可以被定量的 AHM 监控发现(发现潜在失效)完全覆盖。

C. 选择 AHM 混合任务

这是一个 AHM 辅助的经典任务,可能会改变经典任务的范围、间隔和程序。这种情况下,AHM 不能完全满足经典任务的内容——AHM 不能覆盖所有的失效原因。

混合任务的案例包括但不限于:

(1) AHM 和修订后的经典任务一起并有不同的任务间隔(例如,只针对部分失效原因);

(2) 利用 AHM 的参数来安排经典任务的间隔;

(3) AHM 数据用于计划检查(例如,记录空气循环机运营环境温度数据,利用这些数据制定不同的空气循环机任务间隔);

(4) AHM 可以提供使用数据以帮助制定间隔。

AHM 混合任务将包含在 MRBR 中。

D. 选择 AHM 替代任务

产生一个与经典任务完全等价的 AHM 替代任务。AHM 替代任务也将包含在 MRBR 中。

需要注意的是:上述 A、B、C、D 对步骤 2 和步骤 3 都适用。

2）步骤 2

3.2　AHM 是否有能力检测到退化？

在回答该问题时,必须考虑指示(直接或者间接)功能退化或者部件退化的参数是否存在,只有存在时,才能回答为"是"。

3.2.1　AHM 是否有能力在影响飞机运行前,为纠正退化状态提供足够的提前准备时间？

在回答该问题时,必须考虑纠正性措施的方便度以及准备时间(例如,在外站/航线,还是机库？是否有备件等)。AHM 必须能够在功能丧失前及时提醒运营人,使得能够在下一次合适时机安排纠正性措施任务。工作组必须充分理解退化特性(例如 P to F 曲线)。

3）步骤 3

3.3　AHM 是否有能力检测到隐蔽故障？

该问题只对 8 类和 9 类功能失效,且没有 AHM 能力来探测退化时(3.2 回答为"否")才适用。指示(直接或者间接)功能失效的参数必须存在。

3.3.1　AHM 是否有能力为纠正失效提供足够的提前准备时间？

AHM 必须能让运营人确定隐蔽功能的丧失,以防止安全性、运营性或者经济性影响结合第二个失效(包括备份系统失效)。提前时间取决于受影响的功能以及冗余的程度。与确定 Level 2 发现失效的任务的间隔类似(例如考虑隐蔽功能丧失后,隐蔽失效暴露时间的长短以及隐蔽功能丧失潜在后果)。

在回答该问题时,必须考虑纠正性措施的方便度以及准备时间(例如,在外站/航线,还是机库？是否有备件等)。

3.4　汇总 AHM 任务,提交 ISC 批准并放入 MRBR 报批稿中

Level 3 分析后,按照每一步 C 和 D 的逻辑产生的所有结果,必须在 PPH 予以详细规定。

通过上述步骤,完成 Level 3 的分析。另外,评估 AHM 候选项时,需要具备以下关于 AHM 能力的信息,包括但不限于：

(1) 所有与该 MSI 失效原因相关的 AHM 参数和信息；

(2) 这些参数是如何展示给运营人的(维修信息,运营中心监控)；

(3) 这些参数的检查频率,无论是自动的(没有人工干预)或者手动的(有人工干预)；

(4) 供应商/制造商与任何限制相关(过滤器污染,刹车损耗)的测试数据或者相关分析；

(5) 当支持 Level 3 分析的参数无法获得时,AHM 产生的告知信息。

AHM 使得运营人能够确定计划维修的需求,从而避免昂贵的非计划维修或者飞机停场事件。AHM 相关的时效将被包含在 AHM 分析表单中,需要考虑以下

因素：

（1）信息传递频率；

（2）读取频率；

（3）采取动作的时间；

（4）关于参数的阈值或者限制。

10.4.3　分析示例

液压系统用于向用户系统提供液压能源,当液压系统内部发生明显内漏时,就是导致液压系统不能向液压用户提供液压能源的功能失效。因此经过 MSG - 3 分析,产生了一条 MRBR 经典任务：功能检查液压系统明显内部泄露,如表 10.1 所示。

表 10.1　液压系统 MRBR 经典任务

MRBR 任务号	任务类型	任 务 描 述	失效影响类别	间隔	适用性
29 - 11 - 00 - 0x	FNC	功能检查液压系统明显内部泄露	9	24000FH	ALL

功能检查液压系统明显内部泄露主要步骤包括：

（1）检查之前将液压系统加压到 3 000 psi；

（2）系统卸压；

（3）记录系统压力降到 500 psi 时所需时间；

（4）如果时间大于 5 秒,则通过测试,否则测试不通过。

由于飞机的 AHM 每次飞行都会记录上述时间以供查询(一般说来,每次飞行液压系统都会经历一次加压-卸压过程),因此,针对失效原因——明显内部泄露即为 AHM 候选项,对此开展 Level 3 分析,具体分析过程如表 10.2 所示。

表 10.2　液压系统 AHM 候选项-明显内部泄露 Level 3 分析示例

功能失效	FEC 9	不能向用户系统提供液压能源
相关失效原因及任务	失效原因：	明显内部泄露
	任务：	功能检查液压系统内部泄露
AHM 候选		
3.1　AHM 是否有能力检测到润滑或勤务任务的需求？	否	对该失效原因,润滑/勤务不适用,因为没有要补充的消耗品
3.2　AHM 是否有能力检测到退化？	是	每次飞行后都会测量压力排放时间,结果可通过 AHM 检查
3.2.1　AHM 是否有能力在影响飞机运行前,为纠正退化状态提供足够的提前准备时间？	是	随着功能退化,内部泄露会逐步增加,一旦达到阈值,运营人能够在下一次基地检查时安排纠正措施

A. AHM 工作是否有效?	是	在功能失效前,利用 AHM 提醒运营人
B. AHM 是否完全满足经典任务的目的?	是	经典任务的目的是测量内部泄露以确定功能退化。AHM 测量的是相同的参数
D. 选择 AHM 替代任务	—	AHM 替代任务:功能检查液压系统内部泄露(使用 AHM)
3.4　汇总 AHM 任务,提交 ISC 批准并放入 MRBR 报批稿中	—	AHM 能完全替代经典任务 29 - 11 - 00 - 0x,并编号为 AHM 29 - 11 - 00 - 0x

因此,分析之后产生了 AHM 替代任务 AHM 29 - 11 - 00 - 0x,其将和经典任务一起放入 MRBR 报批稿中提交 ISC 批准和 MRB 认可。新的 MRBR 任务如表 10.3 所示。

表 10.3　液压系统 MRBR 经典任务

MRBR 任务号	任务类型	任务描述	失效影响类别	间隔	适用性
29 - 11 - 00 - 0x	FNC	功能检查液压系统明显内部泄露 注:有 AHM 能力能完全满足该条任务的需求	9	24000FH	ALL
AHM 29 - 11 - 00 - 0x	AHM	功能检查液压系统明显内部泄露(利用 AHM) 注:批准作为经典任务 29 - 11 - 00 - 0x 的 AHM 替代任务	9	AHM	ALL

10.4.4　AHM 任务优势与限制

开展 Level 3 分析,并制定相应的 AHM 任务,相比传统的经典任务,可以拥有以下优势。

1)拥有 AHM 能力的运营人多了一种选择

AHM 任务分析得出的 AHM 维修任务最终汇编入 SMR/MRBR,拥有 AHM 能力的运营人除了传统 MSG - 3 计划维修任务,还可选择执行相应的 AHM 任务。

2)减少预防性维修的任务量

与传统的 MSG - 3 计划维修任务相比,AHM 任务部分或完全简化任务的程序,可能会改变传统 MSG - 3 任务的范围、间隔或程序,降低预防性维修任务的执行次数,简化其步骤。

3)缩减人力和时间成本,降低维修成本

AHM 任务利用 AHM 技术部分或完全替代传统 MSG - 3 计划维修任务,避免单纯为检查而进行的拆卸工作,大大缩减人力和时间成本,降低维修成本。

值得注意的是,在 MSG - 3 逻辑中应用 AHM 还存在以下限制:

(1)AHM 的使用需要得到管理当局的批准;

(2)AHM 任务只限于替代非安全任务,那些覆盖 CCMR 的任务不能利用

AHM 任务替代;

（3）AHM 任务目前只针对系统,尚没有针对结构部分的 AHM 任务和任务分析逻辑;

（4）在确定有 AHM 替代任务后,原来的任务必须保留,并同时提供给运营人,运营人在飞机运营寿命周期内,可以自由地在 AHM 任务和原来任务之间进行切换,切换程序由 TC 申请人提供。

10.5　展望

以 1980 年 MSG-3 文件的正式发布为标志,基于 MSG-3 或以其为主导的民用飞机计划维修要求制定方法已经有四十年历史了。四十年来,尽管 MSG-3 也在不断发展更新,但同时期科学技术的发展翻天覆地,特别是人工智能、大数据、先进通信技术、先进传感器和计算机技术日新月异。与之相比,MSG-3 的发展则显得相对滞后。如何将上述先进技术吸收进民用飞机计划维修要求制定方法和逻辑中,是航空领域科研人员面临的迫切问题。

AHM 是解决上述问题的潜在答案之一,研究人员应当予以重点关注。尽管 IMRBPB 已经考虑在 MSG-3 现有分析框架内,加入"第三层"分析以纳入 AHM,但只是作为原有分析的一种补充,且有不少限制,因此总显得不是那么圆融一体。或许,经过一段时间的行业实践和科研人员的努力,可以孕育出一种全新的方法——MSG-4?

附录 1：计划维修要求制定相关 CCAR 条款

规章	条　款
CCAR - 25 - R4	第 25.571 条结构的损伤容限和疲劳评定 （a）总则。对强度、细节设计和制造的评定必须表明，飞机在整个使用寿命期间将避免由于疲劳、腐蚀、制造缺陷或意外损伤引起的灾难性破坏。对可能引起灾难性破坏的每一结构部分（诸如机翼、尾翼、操纵面及其系统，机身、发动机架、起落架，以及上述各部分有关的主要连接），除本条（c）规定的情况以外，必须按本条（b）和（e）的规定进行这一评定。对于涡轮喷气飞机，可能引起灾难性破坏的结构部分，还必须按本条（d）评定。此外，采用下列规定。 （1）本条要求的每一评定，必须包括下列各点： 　（i）服役中预期的典型载荷谱、温度和湿度； 　（ii）判明其破坏会导致飞机灾难性破坏的主要结构元件和细节设计点； 　（iii）对本条（a）（1）（ii）判明的主要结构元件和细节设计点，进行有试验依据的分析。 （2）在进行本条要求的评定时，可以采用结构设计类似的飞机的服役历史，并适当考虑它们在运行条件和方法上的差别。 （3）根据本条要求的评定，必须制订为预防灾难性破坏所必须的检查工作或其他程序，并必须将其载入第 25.1529 条要求的"持续适航文件"中的"适航限制章节"中。对于下列结构类型，必须在裂纹扩展分析和/或试验的基础上建立其检查门槛值，并假定结构含有一个制造或使用损伤可能造成的最大尺寸的初始缺陷： 　（i）单传力路径结构和（ii）多传力路径"破损-安全"结构以及"破损-安全"止裂结构，如果不能证明在剩余结构失效前传力路径失效、部分失效或止裂在正常维修、检查或飞机的使用中能被检查出来并得到修理的话。 （b）损伤容限评定。评定必须包括确定因疲劳、腐蚀或意外损伤引起的预期的损伤部位和型式，评定还必须结合有试验依据和服役经验（如果有服役经验）支持的重复载荷和静力分析来进行。如果设计的结构有可能产生广布疲劳损伤，则必须对此作出特殊考虑。必须用充分的全尺寸疲劳试验依据来证明在飞机的设计使用目标寿命期内不会产生广布疲劳损伤。型号合格证可以在全尺寸疲劳试验完成前颁发，前提是适航当局已批准了为完成所要求的试验而制定的计划，并且在本部第 25.1529 条要求的持续适航文件适航限制部分中

规章	条　　款
CCAR－25－R4	规定,在该试验完成之前,任何飞机的使用循环数不得超过在疲劳试验件上累积的循环数的一半。在使用寿命期内的任何时候,剩余强度评定所用的损伤范围,必须与初始的可觉察性以及随后在重复载荷下的扩展情况相一致。剩余强度评定必须表明,其余结构能够承受相应于下列情况的载荷(作为极限静载荷考虑): (1) 限制对称机动情况,在直到设计巡航速度 V_c 的所有速度下按第25.337条的规定,以及按第25.345条的规定; (2) 限制突风情况,在直到设计巡航速度 V_c 的速度下按第25.341条的规定,以及按第25.345条的规定; (3) 限制滚转情况,按25.349条的规定;限制非对称情况按第25.367条的规定,以及在直到 V_c 的速度下,按第25.427(a)到(c)条的规定; (4) 限制偏航机动情况,按第25.351(a)条对最大到 V_c 诸规定速度下的规定; (5) 对增压舱,采用下列情况: 　(i) 正常使用压差和预期的外部气动压力相组合,并与本条(b)(1)到(4)规定的飞机载荷情况同时作用(如果后者有重要影响); 　(ii) 正常使用压差的最大值(包括1 g 平飞时预期的外部气动压力)的1.15倍,不考虑其他载荷。 (6) 对于起落架和直接受其影响的机体结构,按第25.473、25.491和25.493条规定的限制地面载荷情况。如果在结构破坏或部分破坏以后,结构刚度和几何形状,或此两者有重大变化,则必须进一步研究它们对损伤容限的影响。 (c) 疲劳(安全寿命)评定。如果申请人确认,本条(b)对损伤容限的要求不适用于某特定结构,则不需要满足该要求。这些结构必须用有试验依据的分析表明,它们能够承受在其服役寿命期内预期的变幅重复载荷作用而没有可觉察的裂纹。必须采用合适的安全寿命分散系数。 (d) 声疲劳强度。必须有试验依据的分析,或者用具有类似结构设计和声激励环境的飞机的服役历史表明下列两者之一: (1) 承受声激励的飞行结构的任何部分不可能产生声疲劳裂纹; (2) 假定本条(b)规定的载荷作用在所有受疲劳裂纹影响的部位,声疲劳裂纹不可能引起灾难性破坏。 (e) 损伤容限(离散源)评定。在下列任一原因很可能造成结构损伤的情况下,飞机必须能够成功地完成该次飞行。 (1) 受到1.80公斤(4磅)重的鸟的撞击,飞机与鸟沿着飞机飞行航迹的相对速度取海平面 V_c 或2 450米(8 000英尺)0.85V_c,两者中的较严重者; (2) 风扇叶片的非包容性撞击; (3) 发动机的非包容性破坏; (4) 高能旋转机械的非包容性破坏。 　　损伤后的结构必须能够承受飞行中可合理预期出现的静载荷(作为极限载荷考虑)。不需要考虑对这些静载荷的动态影响。必须考虑驾驶员在出现事故后采取的纠正动作,诸如限制机动,避开紊流以及降低速度。如果在结构破坏或部分破坏以后引起结构刚度或几何形状,或此两者有重大变化,则须进一步研究它们对损伤容限的影响。 第25.981条燃油箱点燃防护 (a) 在可能由于燃油或其蒸气的点燃导致灾难性失效发生的燃油或燃油箱系统内的任一点不得有点火源存在。必须通过以下表明: (1) 确定燃油或燃油箱系统的最高温度低于预期燃油箱内燃油的最低自燃温度,并留有安全裕度; (2) 证实其内的燃油可能被点燃的每个油箱内,任何一处的温度不会超过本条(a)(1)确定的温度。如果某些部件的工作、失效或故障可能提高油箱内部的温度,则必须在每一部件所有可能的工作、失效和故障条件下验证本条;

规章	条　款
CCAR-25-R4	(3) 证实点火源不会由每个单点失效、每个单点失效与每个没有表明为概率极小的潜在失效条件的组合或者所有没有表明为极不可能的失效组合引起。必须考虑制造偏差、老化、磨损、腐蚀以及可能的损伤的影响。 (b) 除本条(b)(2) 和(c)规定的以外，一架飞机上每一燃油箱的机队平均可燃性暴露时间均不得超过本部附录 N 中定义的可燃性暴露评估时间(FEET) 的 3%，或所评估机型机翼燃油箱的可燃性暴露时间，取较大者。如果机翼不是传统的非加热铝制机翼，则必须在假定的、与传统的非加热铝制机翼油箱等效的基础上进行分析。 (1) 机队平均可燃性暴露时间应按照本部附录 N 来确定。必须按照中国民用航空局适航部门认可的方法和程序进行评估。 (2) 除主燃油箱以外，飞机上的任何燃油箱，只要有部分位于机身轮廓线以内，就必须满足本部附录 M 规定的可燃性暴露标准。 (3) 本段用到的术语： 　(i) 等效的传统非加热铝制机翼燃油箱，是一个位于亚声速飞机非加热半硬壳式铝制机翼内的整体油箱，该机翼在气动性能、结构能力、油箱容量以及油箱构型上与所设计的机翼相当； 　(ii) 机队平均可燃性暴露在本部附录 N 中定义，是指在一个机型机队运行的各个航段距离范围内，每个燃油箱的空余空间处于可燃状态的时间比例； 　(iii) 主燃油箱指直接向一台或多台发动机供油，并且在每次飞行过程中持续保持所需燃油储备的燃油箱。 (c) 本条(b)不适用于采用减轻燃油蒸气点燃影响措施的燃油箱，该措施使得燃油蒸气点燃所造成的损伤不会妨碍飞机继续安全飞行和着陆。 (d) 必须建立必要的关键设计构型控制限制(CDCCL)、检查或其他程序，以防止：依照本条(a)的燃油箱系统内形成点火源；油箱可燃性暴露时间超过本条(b)的允许值，以及按照本条(a)或(c)采用的任何措施的性能和可靠性的降低。这些 CDCCL、检查和程序必须纳入第 25.1529 条所要求的持续适航文件的适航限制部分。飞机上可预见的维修行为、修理或改装会危及关键设计构型控制限制的区域内，必须设置识别这些关键设计特征的可视化措施(如用导线的颜色编码识别隔离限制)。这些可视化措施也必须被认定为 CDCCL。 第 25.1309 条设备、系统及安装 (a) 凡航空器适航标准对其功能有要求的设备、系统及安装，其设计必须保证在各种可预期的运行条件下能完成预定功能。 (b) 飞机系统与有关部件的设计，在单独考虑以及与其他系统一同考虑的情况下，必须符合下列规定： (1) 发生任何妨碍飞机继续安全飞行与着陆的失效状态的概率为极不可能； (2) 发生任何降低飞机能力或机组处理不利运行条件能力的其他失效状态的概率为不可能。 (c) 必须提供警告信息，向机组指出系统的不安全工作情况并能使机组采取适当的纠正动作。系统、控制器件和有关的监控与警告装置的设计必须尽量减少可能增加危险的机组失误。 (d) 必须通过分析，必要时通过适当的地面、飞行或模拟器试验，来表明符合本条(b)的规定。这种分析必须考虑下列情况： (1) 可能的失效模式，包括外界原因造成的故障和损坏； (2) 多重失效和失效未被检测出的概率； (3) 在各个飞行阶段和各种运行条件下，对飞机和乘客造成的后果； (4) 对机组的警告信号，所需的纠正动作，以及对故障的检测能力。 (e) 在表明电气系统和设备的设计与安装符合本条(a)和(b)的规定时，必须考虑临界的环境条件。中国民用航空规章规定具备的或要求使用的发电、配电和用电设备，在可预期

规章	条　款
CCAR-25-R4	的环境条件下能否连续安全使用,可由环境试验、设计分析或参考其他飞机已有的类似使用经验来表明,但适航当局认可的技术标准中含有环境试验程序的设备除外。 (f) 必须按照 25.1709 条的要求对电气线路互联系统(EWIS)进行评估。 第 25.1529 条持续适航文件 　　申请人必须根据本部附录 H 编制适航当局可接受的持续适航文件。如果有计划保证在交付第一架飞机之前或者在颁发标准适航证之前完成这些文件,则这些文件在型号合格审定时可以是不完备的。 H25.4 适航限制部分 (a) 持续适航文件必须包含标题为适航限制的部分,该部分必须单独编排并与文件的其他部分明显地区分开来。该部分必须规定: 　　(1) 按第 25.571 条批准的每一个强制性的更换时间、结构检查时间间隔以及相关结构检查程序; 　　(2) 对燃油箱系统的每一个强制性的更换时间、结构检查时间间隔以及按第 25.981 条批准的所有关键设计构型控制限制; 　　(3) 25.1701 条定义的 EWIS 部件的任何强制更换时间。 (b) 如果持续适航文件由多本文件组成,则本节要求的这部分内容必须编在主要手册中,必须在该条显著位置清晰说明:"本适航限制部分经过适航当局批准,并规定了中国民用航空规章有关维护和营运的条款所要求的维护,如果适航当局已另行批准使用替代的大纲则除外。"
CCAR-91-R3	第 91.309 条航空器检查大纲 (a) 大型飞机、涡轮喷气多发飞机、涡桨多发飞机或涡轮动力旋翼机的所有权人或者运营人,应当选择下述任一方式建立航空器检查大纲: 　　(1) 制造商推荐的现行检查大纲; 　　(2) 按照本条(b)款制定检查大纲。 (b) 航空器所有权人或者运营人可以按照下述要求制定航空器的检查大纲,但仅适用于航空器所有权人或者运营人本身所使用的航空器: 　　(1) 检查项目应当包括机体、发动机、螺旋桨、旋翼装置、救生设备以及应急设备等航空器所有结构、系统和部件; 　　(2) 遵守航空器规范、型号合格证数据单或局方批准的其他文件中规定的有时间限制的部件的更换时间要求; 　　(3) 体现航空器或者航空器部件制造厂颁发的航空器维修手册或其他持续适航文件中含有的适航性限制项目(如适用); 　　(4) 以使用时间、日历时间、系统工作次数或其任何组合表示的各项检查的时限; 　　(5) 制定检查的说明和程序,包括必要的试验和特殊检查,说明和程序必须详细阐明要求进行检查的机身、发动机、螺旋桨、旋翼和设备的部位和区域; 　　(6) 列出负责安排大纲所要求检查工作的人员姓名或者机构名称、地址、联系方式。 (c) 按照本条(b)款制定的检查大纲及其任何修订应当向局方申请批准,并且在局方认为有必要进行修改时,应当按照局方的通知进行修改。 (d) 当航空器所有权人或者运营人将航空器的检查大纲从现有的方式改为另一种检查大纲时,应当用按原先检查大纲下累计的使用时间、日历时间或使用循环,来确定新检查大纲的检查项目到期时间。
CCAR-121-R5	第 121.367 条飞机维修方案 (a) 合格证持有人应当为其所运营的每架飞机编制维修方案,并呈交给局方审查批准后按照方案准备和计划维修任务。 (b) 合格证持有人飞机的初始维修方案应当以局方批准或者认可的维修审查委员会报告(MRBR)以及型号合格证持有人的维修计划文件或者维修手册中制造商建议的维修方

规章	条　款
CCAR－121－R5	案为基础。这些维修建议的结构和形式可以由合格证持有人重新调整,以更好地符合合格证持有人特定维修方案的执行和控制。 (c) 对于没有局方批准或者认可的维修审查委员会报告(MRBR)的飞机,合格证持有人应当按照维修审查委员会报告(MRBR)的逻辑决断方法和过程制订初始维修方案。 (d) 合格证持有人应当对维修方案进行定期检查以确保其中反映出飞机使用特点、型号合格证持有人最新建议和维修审查委员会报告(MRBR)修订的评估、改装的状况以及局方的强制性要求,并根据本规则第 121.368 条要求的可靠性方案来持续监控维修方案的有效性。维修方案的任何修订应当获得局方的批准。 (e) 维修方案应当至少包括下列基本信息: 　(1) 维修方案的使用说明和控制; 　(2) 载重平衡控制; 　(3) 飞机计划检查和维修工作; 　(4) 飞机非计划检查和维修工作; 　(5) 发动机、螺旋桨、设备的修理或者翻修; 　(6) 结构检查或者机体翻修; 　(7) 必检项目; 　(8) 维修资料的使用。 (f) 当合格证持有人的飞机从一个已批准的维修方案转为另一个经批准的维修方案时,应当对飞机利用率、使用环境、安装的设备和维修系统的经验进行评估,进行必要的转换检查,并经局方批准后方可转换。 (g) 当合格证持有人使用其他合格证持有人经批准的维修方案时,应当通过书面的协议进行,并经局方批准后方可使用。 (h) 在合理的不可预见情况下导致无法按照计划实施维修方案规定的维修工作时,其对维修方案的偏离应当在局方规定的范围内,并向局方报告。

附录 2：IMRBPB 已发布 IP 解读

IP 序号	标 题	解 读
IP 001	The Use of Previously Approved Analysis for Simple MSI's	在组织 WG 会议等方面存在资源投入大等困难，该 IP 提出是否可以在新型飞机或者衍生型号飞机分析时，对于简单的 MSI，直接使用已经得到批准的分析结果。IMRBPB 的意见是：原则同意，但必须要表明两者之间的一致性或者相似性，并且两者分析依据的 MSG 文件必须是同一个版本
IP 002	Sampling Programmes	该 IP 提到 FAA 坚持将采样程序从已有 MRBR 中去掉，但 IMRBPB 不同意
IP 003	System Built in Test	该 IP 试图统一 MSG-3 Level 1 分析利用 BIT 判断为显性的各方立场。但判断为显性的假设前提是"每隔 100 飞行小时，飞机会重新上电一次"，该假设并不坚实。因此 IMRBPB 认为这么做是不对的，除非有飞行员必须遵循的检查清单要求他们对飞机重新上电，且飞行员能观察到失效的发生
IP 004	Analysis of System Boundary/ Interface Components (C/ IMRBPB)	注[①]
IP 005	MRB Task Escalation	注[①]
IP 006	Tasks Below A Check Intervals	注[①]
IP 007	Revision of MSG-3	注[①]
IP 008	Flight Crew Performing Maintenance	注[①]
IP 009	Route "0" in MRB's	有些 MRBR 报告中有标示为"Route 0"的任务，这些任务不是依据 MSG-3 逻辑产生的。对此 IMRBPB 的建议是将这些任务从 MRBR 中移除

[①] 该 IP 已无法从 EASA IMRBPB 官方网页下载。

续 表

IP 序号	标 题	解 读
IP 010	Check Interval Policy	MSG - 3 中没有包含检查间隔相关的政策,因此该 IP 建议在 MSG - 3 加入相关政策。IMRBPB 认为间隔是否打包及如何打包应由 TC 申请人主导,但给出了参考意见。在 2003 年 8 月 19 日,IMRBPB 更新了相关立场:间隔打包仍由 TC 申请人主导,但 TC 申请人应遵循 2013 版及以后版本 MSG - 3 文件的 2 - 3 - 7 一节
IP 011	FAA AC 121 — 22 A	注[①]
IP 012	RLD/FAA MRB Harmonisation Process	不同国家的管理当局对 MRBR 有不同的要求,例如,Fokker 70/100 MRBR 附录 6 就有 FAA 要求并批准的任务,这些任务不是通过 MSG - 3 分析逻辑产生的。如何协调这些不同局方的不同要求? IMRBPB 的立场是:不同局方的要求可以作为 MRBR 的附件,但 MRB 主席对 MSG - 3 逻辑以外产生的任务不作要求
IP 013	Analysis of Configuration Warnings & other Crew Monitoring Systems	该 IP 涉及构型告警及机组告警系统的 MSG - 3 分析,比如显性和隐性失效的判断问题,以及如果没有 CMR 任务来检查这些安全性相关的构型告警/机组告警系统相关的设备,是否要制定相应的功能检查或操作检查任务。IMRBPB 的立场是:构型告警及机组告警系统自身需要满足审定评估,包括 SSA、CMR、MMEL、MRB、飞行手册等。IMRBPB 的立场实际上还是认为要遵循 MSG - 3 的逻辑来开展分析,在分析时,不要以其他分析结果如 CMR 任务,作为分析的前提
IP 014	MRB Report Ownership	该 IP 澄清了 MRBR 报告拥有者为 TC 申请人
IP 015	MSG 3 Analysis of Equipment such as ELT's, UWB's, FDR & CVR	在开展 ELT、UWB、FDR、CVR 等系统的 MSG - 3 分析时,各国局方的规章可能有关于这些系统的检查要求。在 WG、ISC 会上,与会人员常对这些系统相关的检查要求和间隔先入为主地往局方规章要求上联系。IMRBPB 的立场是:不能因为局方规章有相关系统的检查要求而不开展 MSG - 3 分析,可以考虑将局方的要求在 MRBR 报告中标注出来或者列入一个特定的附录中,同时建议业界考虑修订 MSG - 3 文件来澄清这个问题
IP 016	Attachment of JAA Approval Plan	该 IP 涉及 MRBR 报告批准页,如一份 MRBR 没有 JAA 的批准页,则 JAA 成员国将不知道 JAA 是否已批准了该报告。IMRBPB 的立场是:MRBR 是 TC 申请人文件,由 TC 申请人决定包含哪些特定页面
IP 017	Retroactive Application of AC 25 - 19	FAA 决定以后的 MRBR 版本如果不遵循 AC 25 - 19(主要是关于 CMR 的),则将不被批准。空客认为 AC 25 - 19 是针对以后机型的,不具有追溯力。IMRBPB 的立场是:CMR 是一个审定议题,而不是 MRB 议题。实际上是不太认同 FAA 的做法
IP 018	Compatibility between MRB Report & Type Certification Tasks	该议题涉及 MRBR 任务和 CMR 任务的相容性问题。JAA 要求两者要完全相容,不能有冲突。FAA 则没有相关要求。对此 IMRBPB 的立场是:CMR 任务和 MRBR 任务是两个不同的过程产生的,没有规章要求他们完全一致
IP 019	Use of Engine Trend Monitoring as An Alternative to On-condition	该议题涉及 MSG - 3 分析中如何考虑发动机状态趋势监控(engine condition trend monitor, ECTM)以及 ECTM 是否可以作为 MRBR 中的任务等问题。IMRBPB 的立场是 ECTM 更多是运营人监控发动机性能相关的维修活动,不是 MSG - 3 分析产生的任务,也不是 MSG - 3 定义的任务

---

① 该 IP 已无法从 EASA IMRBPB 官方网页下载。

续　表

IP 序号	标　　题	解　　读
IP 020	MRB Revision Procedure	该 IP 涉及 MRB 的修订流程。IMRBPB 的立场是：MRBR 必须要反映飞机的 TC 基础，MRBR 的修订流程要遵循 FAA AC 121.22A para 46 和 JAA Maintenance Procedure Chapter 16 para 21
IP 021	HIRF Maintenance	该 IP 涉及 HIRF 分析。当时 MSG-3 文件在这方面并不完善，当前的 MSG-3 文件已在这方面作了修订
IP 022	HIRF/Lightning Protection	该 IP 仍是关于 HIRF 的，可参见 IP 021
IP 023	Applicability of MRB Process to Product Enhancement Modifications	该 IP 讨论了在发生设计更改时如何实施 MRB 过程并建议小的设计更改不必再走完整的 MRB 流程。IMRBPB 对此表示可以接受，同时指出 PPH 中应该对 MRBR 的修订流程予以明确
IP 024	Change in Composition of ISC/WG	空客等认为当前 WG、ISC 人员中缺乏 MRO 组织的人员，可能会导致在制定 C 检及以上任务时，缺少来自一线维修人员的经验支持。IMRBPB 认为 WG、ISC 的人员组成问题是 ISC 主席的职责，IMRBPB 认可 MRO 的人员参加 WG、ISC 会议
IP 025	Corporate Aircraft MRB	该 IP 讨论了公务机如何开展 MRB。IMRBPB 认为 FAA AC 121.22 只适用于商用飞机，JAA 16 章适用于所有超过一定重量的飞机，而不考虑实际的运营人是谁（暗含公务机也要开展 MRB 过程），但实际情形是公务机被豁免于开展 MRB 过程。IP045 对此进行了进一步的讨论
IP 026	Dual Analysis Approach ETOPS/NON ETOPS	IP 提出对于 ETOPS 和非 ETOPS 的 MSG-3 分析存在两种选择。即对于有 ETOPS 能力并且是按照 ETOPS 来取证的飞机，但是运营人确定飞机不会飞 ETOPS，是否可以按照非 ETOPS 来分析。对此 IMRBPB 的立场是：MRBR 需反映飞机审定基础，即 MRBR 中是否按 ETOPS 分析应与 TC 时是否按 ETOPS 申请保持一致，同时引用 FAA 的反馈，认为采用两种分析方法是不必要的
IP 027	FAA Project to Develop A Generic PPH	MSG-3 分析不经过专门培训是不易开展的，FAA 试图推出一份指导性文件（PPH），以帮助 MSG-3 文件的使用者顺利开展相关分析。在经过多年的讨论之后，IMRBPB 决定关闭此 IP。事实上，后来采取的做法是由 TC 申请人编制 PPH，对 WG、ISC 成员进行针对性的培训
IP 028	Guidelines for JAA/FAA/TCA Participation in MRB's	随着越来越多的 TC 申请人使用 MSG-3 分析来制定初始最低计划维修要求。局方是否以及如何支持他们开展工作，在 MSG-3 文件中缺乏明确的书面表述。该 IP 寻求 IMRBPB 制定明确的政策。IMRBPB 的立场是：FAA 遵循 NOTICE N 8300.ICAW，JAA 遵循 JAA Maintenance Procedure Chap. 16, para 16.3 and 16.4 开展相关工作
IP 029	Standard RCM Logic Analysis	当前的 MSG-3 逻辑是基于 RCM 手册的。该 IP 认为 IMRBPB 应该为其他人（不使用 MSG-3 逻辑）制定标准的 RCM 分析逻辑。IMRBPB 鼓励使用 MSG-3 逻辑，推动世界范围内 MRB 政策和程序的标准化
IP 030	MSG-3 Analysis of Emergency/Back Up Equipment	该 IP 涉及应急/备份系统的分析，当时的 MSG-3 文件对这些系统或部件的分析不明确。IMRBPB 考虑修订 MSG-3 文件。IP047 覆盖了本 IP，并可同时参考 IP059

续　表

IP 序号	标　　题	解　　读
IP 031	Applicability of the MRB Process	各国局方 MRB 流程不一致，一国局方批准的 MRB 流程很难被另一国局方接受。因此提议建立标准的 MRB 过程
IP 032	Applicability of the MRB Process	该 IP 主要针对公务机是否适用 MSG-3 的问题。IMRBPB 的立场是：对公务机应用逻辑没有限制，同时建议各国局方可对公务机是否应用 MSG-3 逻辑，一事一议
IP 033	Choice of Interval Parameters	该 IP 主要针对 MRBR 任务间隔参数问题。有的局方偏向于选择双参数，而运营人希望是单参数，还有的局方要求采用日历日的"C 检"，这方面的不同要求亟待澄清。IMRBPB 认为任务打包与否，应由 TC 申请人来决定
IP 034	Application of MSG-3 (Level 2) for Emergency Equipment	关于应急设备 MSG-3 分析，已被 IP 047 覆盖
IP 035	Suppression of MRB Report	通常来说，TC 申请人会发布 MRB 任务两次，一次是 MRBR，另一次是 MPD。起初，MPD 几乎与 MRBR 完全一致，随着时间的推移，MPD 里增加了推荐的任务以及其他构型的任务。空客提出是否可以只提供 MRB 任务一次，以减少工作量。IMRBPB 表示其不反对只发布一次文件
IP 036	Guidelines on Maintenance Programme Evolution	该 IP 是关于 MRBR 任务间隔优化及延长的，已被 IP 044 覆盖
IP 037	Regulatory Rules in the MRB Report	一些 MRBR 中有一些来自 MSG-3 逻辑以外，如局方规章要求的任务，这些任务常让人感到困惑。IMRBPB 的立场是：MRBR 应只包含来自 MSG-3 的任务
IP 038	MRB Reports and the MPD	运营人有时不能清楚地理解 MRBR 和 TC 持有人的 MPD。建议在初始 MPD 发布时，包含初始 MRBR。IMRBPB 对此似乎并不认可，只强调 MRBR 是一份需要不断更新的文件
IP 039	Approval of MRB Reports for Aircraft Variants	注①
IP 040	Validity of the MRB Review Process When There is A Lack of Operator Participation in the ISC	注①
IP 041	Aircraft Certification — Continued Airworthiness Coordinator	MRBR 只是持续适航文件的一部分，其他还包括 CMR、ALI 等等。该 IP 建议在审定团队中加入 MRB 成员，以加强彼此间的协调和经验共享。IMRBPB 让 JAA 撤回了该 IP
IP 042	MRB Report Revision	有些 TC 申请人在正常的 MRBR 换版之间，会发布临时修订 (TR)，有时候 TR 修订的量还比较大。但目前没有标准的流程来处理这种情况。IMRBPB 的立场是：对于加拿大和美国的 MRBR，里面必须要包含 TR 相关的流程。到目前为止，还无法制定所有 TC 申请人必须遵循的标准 TR 流程，每个 TC 申请人需要制定各自的流程并在 PPH 中予以明确

---

① 该 IP 已无法从 EASA IMRBPB 官方网页下载。

续 表

IP 序号	标 题	解 读
IP 043	MSG 3 Analysis Procedure	IP 指出新一代的飞机越来越复杂,因此 TC 申请人引入了更多的自检测功能,这就造成了很多读数据然后离位分析的任务。当前 MSG-3 文件并没有考虑这些任务。同时,对于复杂系统,要找到特定的任务也变得越来越困难。该 IP 只是指出了一种趋势,并未讨论具体问题。因此,IMRBPB 让 JAA 撤回了该 IP
IP 044	MRB Check Interval Escalations	该 IP 制定了延长 MRBR 任务间隔的政策和程序,比较重要,需要着重研究
IP 045	RCM Type Logic Development	当前 MSG-3 文件(1993 Rev 2)只适用于大型运输机,需要针对公务机、旋翼飞机等其他类的飞机制定相应的政策和流程。与该 IP 相关的其他 IP 包括 IP 049 和 IP 051
IP 046	Applicability RCM/MSG 3 Logic Process	对于大型公务机和旋翼飞机,在实施 MRB 流程时,各方存在不一致。该 IP 已被 IP 049 和 IP 054 覆盖
IP 047	MSG 3 Analysis of Emergency/Backup Equipment	参考 IP030,IMRBPB 建议增加安全/应急系统或设备的术语定义。同时认为安全/应急系统或设备的分析应该是安全性相关的(5 类或者 8 类)
IP 048	Recognition of Evident Failure	当前 MSG-3 对于显性失效的定义不明确,分析时不好应用。例如,对于有故障信息的系统,故障信息可能只有等到飞机落地后才会被发现,这种情形还能认为该失效是显性的吗? IMRBPB 在 2001 年的立场是:只有发生时立刻被发现的失效才能被认为是显性的,在 2004 年的立场改为:只要在接下来的一天内能发现该失效,就可认为其是显性的。在 2007 年,该 IP 又被重新打开。可参考 IP 072
IP 049	Standard of RCM Logic	SAE 提出了一份关于 RCM 过程的文件,TCCA 因此敦促 IMRBPB 采纳或认可该文件作为标准的 RCM。IMRBPB 认为还需要进一步评估
IP 050	Not used	N/A
IP 051	MSG 3 Revisions Authority Acceptance	当前对 MSG-3 文件的修订只能由 FAA 批准,JAA 提出缺少明确的机制来协调对 MSG-3 文件的修订。IMRBPB 表示 IMRBPB 的各局方应共同制定相关提案,避免由于某一个或几个局方的原因,而导致修订不能被通过
IP 052	Issue Paper Status	涉及对 IP 的管理。JAA 负责 IP 的管控,IP 将被公布到网络上
IP 053	Acceptable Alternative Analysis other than MSG 3	MSG-3 已被认可为制定初始最低计划维修要求的方法。不久的将来可能有"东方"的飞机制造商寻求"西方"的 TC 认证,JAA 提出是否认可其他的、可以等价 MSG-3 的分析方法,并就此达成国际共识。IMRBPB 的立场是:可以接受任何 MSG-3 的替代方法,但该方法必须要表明其具备同等水平的安全性
IP 054	Implementation of IMRBPB Positions	IMRBPB 达成一致的立场,各成员局方不能及时采纳作为政策,导致不能在新的和已有的 MRB 过程中实施,造成"不能令人满意"的 MRBR 仍被批准。建议采取框架流程来确保成员局方及时采纳 IMRBPB 立场作为其政策。但该 IP 最终似乎并没有能达成一致

IP 序号	标　　题	解　　读
IP 055	International Standard	注①
IP 056	IMRBPB Extended Membership	该 IP 提出修改章程，让工业界的代表也可进入 IMRBPB。对此 IMRBPB 的立场是：只有局方才可进入 IMRBPB
IP 057	Termination of Hard Copy MRB Reports（see also IP # 62）	空客提出在审查过程中以及批准后，都不再提供纸质版的 MRBR 报告，而代之以 CD。对此 IMRBPB 的立场是：MRBR 正式批准后可以只提供电子版，但在审查过程中，有些成员局方要求有纸质版，因此是否需要纸质版将视情而定。IMRBPB 同时要求成员局方反馈他们的立场
IP 058	Maintenance Source Data	当 MRBR 的要求与供应商的维修要求发生冲突时，运营人应如何处理？该 IP 建议明确 MRBR 是运营制定 MPD 的基础，其要求优先于供应商要求。IMRBPB 也重申了这一点
IP 059	Hidden Functions of Systems During Emergency Situation	仍然是关于如何分析安全/应急系统或设备的。参考 IP 047
IP 060	Fuel Tank Harmonized Policy	该 IP 涉及燃油箱系统的 MSG-3 分析。TC 申请人需要按照 SFAR 88 的要求对燃油箱进行安全性评估，对于非" unsafe condition"，需要遵循 MSG-3 逻辑开展分析。但具体如何落实，不同的局方可能有不同的要求，需要协调。IMRBPB 认为后续还需进一步研究
IP 061	MRB Report Inspection Rules	MRBR 中的任务，如 GVI、DVI(应该即为后来的 DET)，只在 MRBR(或者运营人 MPD)中有定义，但实际一线的维修人员通常看不到这些文件。很多时候，这些检查的任务的技巧并没有通过培训被一线维修人员所掌握。因此建议在 AMM 的 20 章对这些任务进行定义并明确检查的方法等。IMRBPB 认为还是在 MRBR 中定义这些任务，至于 AMM 手册的补充修订，是 TC 申请人的责任
IP 062	Task & Internal Incorporation within MRBR When Developed from A Process other than MSG 3	对于不是按照 MSG-3 分析逻辑产生的任务，如按照 SFAR88 要求产生的任务，如何整合进 MRBR 报告？IMRBPB 的立场是：需要由 ISC 讨论整合和接受的原则
IP 063	Maintenance Requirements / Flight Deck Security Doors	该 IP 涉及驾驶舱安全门的维修要求，但该议题被撤回，由 UKCAA 内部进行讨论
IP 064	Not used	N/A
IP 065	Enhance Current EZAP Logic in MSG 3 to Incorporate Additional Aspects Now Being Considered by FAA	该 IP 建议修订 MSG-3 的 2-5 节，以体现最新关于线缆的考虑，如 FAA 的要求等。IMRBPB 表示同意

---

① 该 IP 已无法从 EASA IMRBPB 官方网页下载。

续　表

IP 序号	标　　题	解　　读
IP 066	Enhance MSG 3 to Incorporate SFAR-88 Aspects Now Being Considered by FAA in Policy Statement PS-ANM100-2004-10029	针对 FAA SFAR 88 的要求,需要在 MSG-3 分析中对燃油箱点火源防护予以特别的考虑,并在一个特定的 MSI 中予以分析。(注:此条要求是针对 2001 年 6 月 6 日之前提出 TC 申请的飞机,在此日期之后的飞机,已不需要在 MSG-3 分析中再单独考虑点火源防护了,只需要满足 25.981 条款即可)该 IP 同时建议修订 MSG-3 文件,在 MSI 选择一节增加了一个注
IP 067	Task & Internal Incorporation with MRBR When Developed from A Process other than the Accepted MRB Analytical Logic	参考 IP 062
IP 068	MSG 3 Definition of Safety/Serious Injury	该 IP 认为 MSG-3 文件"Adverse Effect on Safety."的定义中"serious injury"不易理解,建议删除。IMRBPB 在征求了医学方面的人士后,对此表示反对,因此删去之后可能带来更多的困惑
IP 069	Incorporation of MRBR Revisions by Existing Type Design Operators	有 ATA 的运营人成员(航空公司)报告说当地局方要求他们在 MPD 修订以落实 MRBR 的改版内容时,需要对改版的内容进行全面评估和分析,即使这些改版内容就是 WG/ISC/MRB 基于该运营人的数据而作出的。与此同时,一家没有运营过该机型的航空公司,却可以直接使用最新改版的 MRBR,来制定他们的 MPD。该 IP 试图寻求 IMRBPB 提供统一的政策来解决落实 MRBR 改版的问题。对此 IMRBPB 认为该议题是关于各个局方如何批准 MPD 的,不属于 IMRBPB 要讨论的议题
IP 070	Enhance MSG 3 to Better Reflect AC 20-107A Regarding "Growth" Versus "No Growth" Design Concepts of Composites	该 IP 认为当前 MSG-3 文件涉及"Growth"和"No Growth"的相关表述不够明确,容易引起误解,建议修订。IMRBPB 表示接受
IP 071	Identify "Normal" Flight Crew Duties	对于飞控舵面的全程和自由运动,APU/动力装置的防火测试,这些飞行前的总会做的例行工作是否能被认为是机组的"正常"职责? FAA 倾向于不允许将其视为机组的正常职责,而将相关失效判断为"显性",因为通常这些例行工作并不会在 AFM "Limitation"一节,也就是说不是强制的。IMRBPB 立场是:只有机组在正常履行职责的位置上(如在飞机上)执行的工作才能是将失效判断为"显性"的参考依据。IMRBPB 的立场和 FAA 似仍有不同,因而 IMRBPB 在立场里单独列出了 FAA 的声明
IP 072	Recognition of Evident Failure	该 IP 讨论了失效判断为显性的三种可能条件:① 失效必须立刻被发现;② 失效必须在下一次飞行前被发现;③ 失效必须在接下来的一天之内被发现。认为第三种更合理。IMRBPB 表示接受。参考 IP 048
IP 073	Analysis of Hidden Functions of Systems Operated During An Emergency Situation	对于紧急情况下起作用的系统的隐蔽功能的分析,庞巴迪指出当前 MSG-3 文件表述可能存在一些问题,导致失效最终被分析成 8 类。庞巴迪提出修改 MSG-3 文件,但经过讨论后,IMRBPB 关闭了该 IP,没有产生任何行动项

IP 序号	标　题	解　读
IP 074	Position Paper on the Role of On-board Maintenance Systems（OMS）	由于故障诊断系统的审定等级比较低，局方反对使用机载故障诊断系统作为执行计划维修任务以探测故障的一种手段。庞巴迪认为，在特定限制的条件下，可以考虑使用 OMS 来作为探测失效的工具。IMRBPB 的立场是参考 IP076
IP 075	Requirement to Use the Latest Version of MRBR for Start-up Operators	有些运营人被允许使用基于 MSG－2 逻辑的 MRBR，这就导致基于 MSG－3 的 EZAP，L/HIRF 要求不能被贯彻。该 IP 寻求要在 MRBR 里明确要求使用最新的 MRBR 报告。对此，IMRBPB 认为应由运营人所在国局方处理
IP 076	Central Maintenance Computers（CMC）	CMC 可不可以用来判断失效是显性的？该 IP 希望 IMRBPB 给出明确的政策，不管是可以还是不可以。IMRBPB 的立场是将该 IP 的后一个建议（CMC 可以作为判断显性的依据）修订成："IMRBPB 应该制定政策来明确 CMC 数据可以被使用，前提是 CMC 是被审定的(到相应的软件等级)，并被 TC 申请人验证的，并且验证 CMC 按其预期的功能运行的任务的必要性已被考虑"但 IMRBPB 是否已制定相关政策，该 IP 并未提及
IP 077	MRB Report Task Description （Grouping of Different Tasks — GVIs, DIs, SDIs Combined into One Task）	TC 申请人越来越多地考虑将多个任务综合在一起做，这会导致很难追溯到综合任务中每一个 MRBR 初始任务。如果综合任务是可被接受的，那么 IMRBPB 应该明确相应的政策。IMRBPB 的立场是：如果每个单独的任务是可以被追溯的，那么综合任务是可接受的，通常在 MRBR 的附录中予以记录。该 IP 已被 IP 144 替代
IP 078	Analysis of Fuel Tank Flammability Reduction or Inerting Systems	该 IP 提出惰化系统应视为应急/安全设备。IMRBPB 的立场是惰化系统应被分类成应急/安全设备，在此基础上开展 MSG－3 分析
IP 079	Harmonization of Different Definitions of Principal Structural Elements（PSE） Consisting of the FAR and ATA－MSG－3 2003.1	FAR 25.571 和 ATA－MSG－3 2003.1, Section 2－4－1 中关于 PSE 的定义相矛盾。按照 FAR，PSE 可以包含多个 SSI，而不是 SSI 可以包含 PSE。因此需要修订 MSG－3 文件以反映 FAR 的定义。IMRBPB 表示同意
IP 080	Lightning/HIRF MSG－3 Analysis Process Revision	波音认为当前 MSG－3 的 L/HIRF 分析只考虑了电子电气设备，分析过程中没有考虑测试和运营数据，也没有充分利用区域检查程序来发现 L/HIRF 保护的退化，因此建议就上述问题进行讨论，修改 MSG－3 文件。IMRBPB 同意，相关修订已落实进 2007 版 MSG－3 文件
IP 081	MSG－3 Analysis Requiring that Fatigue Tasks （Airworthiness Limitation Items）be Placed in the Structures Section of the Maintenance Schedule	按照当前的 MSG－3 分析逻辑，FD 任务将同时出现在 ALI 和 MRBR 中。这类似于一条系统任务同时是 MRBR 任务和 CMR 任务的情况。越来越多的局方要求将 CMR 单独出来，而不是放在 MRBR 中。按照这一逻辑，该 IP 建议修订 MSG－3 逻辑，将 P18 确定的 FD 任务作为潜在的 ALI 项目，提交给飞机审定以获得批准，不再包含在 MRBR 结构任务中
IP 082	Separation of Airworthiness Limitations from Structural Inspection Requirements — PSE's vs. SSI's Schedule	参考 IP 081

续 表

IP 序号	标 题	解 读
IP 083	Letter of Confirmation	该 IP 提供了一个局方认可另一个局方主导的 MRBR 的确认函模板
IP 084	Hidden Function of Safety/Emergency Systems or Equipment MSG－3 Category Selection	当前 MSG－3 文件 2－3－5 中 "For hidden functions of safety/emergency systems or equipment, the additional failure is the event for which this function of the system or equipment is designed, and in these cases, a FEC 8 is to be selected." 容易被解释成: 对于安全性/应急系统设备,隐蔽失效都是 8 类。IMRBPB 建议改成: "For hidden functions of safety/emergency systems or equipment, the additional failure is the event for which this function of the system or equipment is designed, and in these cases, where the system has no redundancies, a FEC 8 is to be selected. For redundant systems, if the system failure remains hidden after the failure of the first redundancy, a FEC 8 is also to be selected"
IP 085	Protective Systems	对于一些保护系统, 如 Traffic Alert and Collision Avoidance System(TCAS),该 IP 认为当前 MSG－3 逻辑对其失效会归类到非安全性的类别,但该类系统实际上跟飞机安全有很大的关系。建议修订 MSG－3 文件。IMRBPB 表示不认可,认为当前 MSG－3 逻辑已经能够覆盖上述问题
IP 086	Non-regular Operation, Short/Long-term Storage Procedures	TC 持有人通常会发布飞机短期/长期停放期间的维护程序(一般不需得到局方批准),这些程序有别于飞机正常运营时的最低计划维修要求(通常来自被正式批准的 MRBR)。没有综合考虑飞机停放期间维修程序和 MRBR 程序的指导文件,因此该 IP 提议在 MRBR 文件中加入类似的文字:"在飞机停放期间,TC 申请人的存储程序必须视作 MRBR 要求的补充"。但该 IP 没能达成一致意见,被关闭
IP 087	Approval of Dual MRBs for Same Aircraft Model	对于一些旧型号的飞机,是否可以允许同时存在两个版本的 MRBR(一个基于 MSG－2,一个基于 MSG－3),如果可以,局方如何参与及管理? 该 IP 寻求 IMRBPB 给出明确的政策。经过多轮讨论,IMRBPB 的立场是: IMRBPB 不支持同一型飞机有多版本 MRBR,不再认可非 MSG－3 产生的最低维修要求
IP 088	Consideration of Wear Damage in Structure Analysis	该 IP 建议在结构分析中考虑磨损类型的损伤。建议在 MSG－3 文件考虑增加磨损损伤的描述。IMRBPB 表示同意
IP 089	Process for Coordinating MSG－3 Derived Tasks with Certification Maintenance Requirements (CMR's)	当前 MSG－3 文件没有描述 MSG－3 任务与 CMR 任务的协调过程,该 IP 给出了建议及相应的 Certification Maintenance Coordination Committee(CMCC)流程。IMRBPB 表示同意,MSG－3 文件下次改版时纳入
IP 090	Sustaining MRB Activities and Regulatory Participation	该 IP 认为 MRBR 是一份必须要不断更新以确保有效的文件,建议每年对 MRBR 进行审查,以确定是否需要改版。由于各国局方的人力资源有限,为了确保局方的持续参与,因此建议国内局方要参与到 WG 组中,而国外局方可以只参加 ISC/MRB 会议。但经过讨论,该 IP 未能达成一致,被关闭
IP 091	EAPAS Requirements to Approve EZAP	25 部附录 H 里有增强区域分析流程(EZAP)的要求,加拿大交通部认为对该要求的批准就是对 MRBR 的批准,因为 MRBR 中就有 EZAP。IMRBPB 认为这是对 MSG－3 的误解,不应将 MRB 过程与审定过程混为一谈

IP 序号	标　题	解　读
IP 092	Definition of Structural Health Monitoring（SHM）/Addition to MSG－3	当前 MSG－3 文件没有意识到 Structural Health Monitoring（SHM）也是一种监测技术或手段，可以作为检查的替代，建议在 MSG－3 文件中增加 SHM 的定义及相关描述。IMRBP 建议与 IP103 合并考虑，在下一次 MSG－3 改版时落实
IP 093	Single Database for Aircraft Maintenance Specification	该 IP 提议建立单一维修数据库，将 MRBR、CMR、ALI 等所有这些维修要求管理起来，从目前的纸质文件转向电子文档，方便 TC 申请人、局方、运营人的使用。目前该 IP 尚处于构想阶段，有待进一步研究
IP 094	SSI Selection	在选择 SSI 时，通常不考虑螺栓、螺母。但在实际运营维护中却发现不少紧固件腐蚀而损伤 SSI 的案例。承受显著应力载荷的螺栓、螺帽等应该定义为 SSI。因此建议修改 MSG－3 文件中 SSI 选择的内容。IMRBPB 表示同意，在 2009 版 MSG－3 文件中落实
IP 095	Wear Damage in MSG－3	建议在 MSG－3 文件中增加关于磨损损伤的明确定义。IMRBPB 表示接受，并在 2009 版 MSG－3 文件中落实。参考 IP 088
IP 096	Interaction of Systems and Structure	该 IP 讨论了 MSG－3 逻辑之前没有考虑的结构和系统之间的交联。建议修改 MSG－3 文件，以完善具有结构性质的系统部件（如起落架的一些作动机构）以及具备系统功能的结构件（防火墙等）。IMRBPB 表示同意
IP 097	Fluid Spillage / Fluid Ingress in Composites	同样是液体溅出/流出，既可能被视为 AD，也可能被视为 ED，这可能导致分析结果大不一样，因此建议修订 MSG－3 文件予以明确区分，对于频繁出现的厨房泄露等，归类为典型 ED 损伤源，对于罕见泄露如电池酸液泄露，归类为 AD 损伤源。IMRBPB 表示同意
IP 098	Impact of Extended Service Goal（ESG）Exercise on MRBR /Consideration of Design Service Goal DSG in MSG 3 analysis	飞机延长设计寿命或者服务寿命会在多大程度上影响 MSG－3 分析的结果。该 IP 建议要全面检查分析过程中涉及"运营寿命"的地方，同时要考虑运营数据，包括 AD、服务通告、服务信函等。IMRBPB 没有发表自己的立场，仅表示同意上述建议
IP 099	ETOPS / MRBR Tasking Requirements	并不是所有的 MRBR 都包含了 ETOPS 相关的任务需求。因此，该 IP 建议修订 MSG－3 文件，以确保支持飞机所有审定的运行能力（包括 ETOPS、RVSM、Cat Ⅲ）的所有计划维修任务都在 MSG－3 分析的范围之内。IMRBPB 表示同意，相关修订在 2009 版中落实
IP 100	Partial Use of MSG－3	有些 TC 申请人只想运用 MSG－3 的一部分，例如，对于载客 30 人以下的飞机，不适用 FAR 26 部 EWIS 相关的维修程序，因此 TC 申请人试图使用最新版本的 MSG－3，但是不想遵循 MSG－3 中关于 EZAP 这部分内容。对此 IMRBPB 的立场是：MSG－3 分析必须完全遵循
IP 101	Zonal Transfer of Safety Related System Tasks	该 IP 认为 5 类和 8 类失效产生的 GVI 任务必须要给予特别关注，不能被转移到区域检查任务中，建议修订 MSG－3 文件。IMRBPB 表示同意

IP 序号	标　题	解　读
IP 102	Utilization Window — Extension / Modification	当某一机型的机队,其运营时间的范围超过初始 MRBR 制定时定义的范围时,没有规定要求 TC 持有人对 MRBR 的内容进行评估,也没有可以遵循的指导文件。对此,IMRBPB 的立场是:TC 持有人必须对 MSG-3 分析结果进行确认
IP 103	Redefinition of FD Analysis in the MSG-3	重新定义 MSG-3 方法中的 FD 分析。IMRBPB 建议与 IP092 统筹考虑
IP 104	Consideration of So Called "Maintenance Functions/ Systems" in MSI Analysis	有些 TC 申请人以"纯维护功能和维护系统只在地面维护时使用,不属于飞机正常运行范围之内"的理由,不分析维修功能或维护系统。但如严格按照 MSG-3 逻辑,这些功能和系统也是需要分析的,因此建议 IMRBPB 在 MSG-3 中明确。IMRBPB 表示所有维护功能和维护系统都必须进行 MSG-3 分析
IP 105	Further Advanced Definition of Structural Health Monitoring (SHM)/Addition to MSG-3	参考 IP 092,该 IP 进一步希望修订 MSG-3,以在分析逻辑中应用 SHM。但 IMRBPB 表示:该 IP 的建议是鼓励制定 SHM 系统的 MSG-3 流程,但认为分析逻辑的有效性和适用性必须要能被 TC 申请人的 SHM 系统验证,当前建议尚不够成熟,只有分析逻辑的有效性和适用性得到保证之后,才会修订 MSG-3 文件
IP 106	Landing Gear and Off-Wing Inspection Tasks	FAA 发现一家 TC 申请人在开展起落架系统的 MSG-3 分析时,应该项目局方的要求,在 LRU 以下层级开展 MSG-3 分析,由此产生了大量的离翼任务。曾经,FAA 的政策是 MRBR 只能包括在翼任务。在评估了很多 MRBR 报告后,FAA 认为许多 TC 申请人的 MRBR 中都有离翼任务。该 IP 建议,对于起落架的 MSG-3 分析,应优先在最高可管理层选择 MSI/SSI,但也允许在 LRU 以下层级开展分析,由此产生的任务应包含在一个高层任务中。IMRBPB 对此表示同意
IP 107	Keeping Up to Date Current MSG 3 MRBR	该 IP 建议 MRBR 需要不断更新,应按年召开 MRB 会议来审查运营数据等,在此过程中,可能会产生新任务。而对任务间隔的延长或者优化应在 IP044 的框架下开展。IMRBPB 表示同意
IP 108	Fault Tolerant Systems	关于容错系统的 MSG-3 分析,该 IP 认为当前 MSG-3 的逻辑对于容错系统是不允许产生任务的,而在实际分析中,有很多产生了任务的实例。IP 列举了相应的实例,建议修订 MSG-3 文件。但 IMRBPB 撤回了该 IP,代之以在 IP112 中澄清
IP 109	Handling of Failures/ Degradations Evident During Pre Flight Inspection a) Systems and Powerplant Procedure	对于飞行前检查(比如绕机检查)中能发现的失效或者退化,缺乏统一的处理方式。根据当前 MSG-3 逻辑,飞行前检查发现的失效或者退化只能被考虑成隐蔽的,失效影响是 8 类和 9 类,对于 8 类的失效,就需制定任务,尽管任务是多余的,因为失效/退化在飞行前会被发现。由于有飞行前检查,不同的 TC 申请人有不同的做法,有的制定一个间隔为"Daily"的任务(因为飞行前检查几乎每天都会做),有的会制定一个间隔很长的任务(因为既然有飞行前检查,没必要再安排短间隔的任务)。还有的 TC 申请人干脆认为这些失效是显性的,不产生任务。该 IP 针对上述情况,要求在 MSG-3 予以明确。IMRBPB 的立场是:机组正常职责是在 AFM 中描述的那些任务,在考虑显隐性时,WG 可以考虑 AFM。根据 AFM 的描述,机组飞行前检查不属于机组正常职责。通常来说,是由 TC 申请人、运营人和局方制定航前检查清单。清单的内容,不同国家,甚至不同运营人的航前检查清单是不一样的。因此,IMRBPB 不允许利用飞行前检查来将失效/退化判断为显性的

IP 序号	标　题	解　读
IP 110	Handling of Failures/Degradations Evident by Non-AFM Driven Flight Crew Actions	当前 MSG-3 逻辑已经明确了只有那些 AFM 中描述的机组"正常职责"才能被用来考虑功能失效是显性的。但是，这可能会导致产生与机组正常工作重复的检查任务。对此，该 IP 寻求对应的解决办法，但 IMRBPB 的立场与 IP 109 中的立场完全一致
IP 111	Handling of Failures/Degradations Evident During Pre Flight Inspection b) Zonal Analysis Procedure	当前 MSG-3 文件缺乏确定区域（特指由于包含相关部件和结构，而在飞行前检查中有目视检查的那些区域）检查任务间隔的建议。因此不同的 TC 申请人有不同的做法。有的认为飞行前检查能发现相关区域可能存在的损伤，如燃油泄漏、鸟击损伤，而将任务间隔定成 A 检或者 C 检。有的则不考虑飞行前检查，而将间隔定义成"Daily"。该 IP 试图寻求对应的解决办法，但 IMRBPB 的立场与 IP109 中的立场完全一致
IP 112	Fault Tolerant System, Definition and Procedure	该 IP 在 IP108 的基础上，进一步明确了冗余系统和容错系统的区别，提出了 MSG-3 分析文件的修订建议。IMRBPB 表示接受
IP 113	L/HIRF Protective Features within LRUs	当前 MSG-3 文件关于 LRU 内部的 L/HIRF 防护特性的描述容易让人误解为需要对其进行分析。建议修订 MSG-3 相关描述。IMRBPB 表示同意，LRU 内部的 L/HIRF 防护特性不需要在 MSG-3 中分析
IP 114	Clarification of the MSG-3 L/HIRF Flow Chart Further to MWG Experience	当前 MSG-3 文件中的 L/HIRF 分析流程存在重复的地方，容易引起误解，建议修订该分析流程及相关文字描述。IMRBPB 表示同意
IP 115	Considerations Addressing Bonding Network Aspects in MSG-3 L/HIRF Section	该 IP 认为当前 MSG-3 文件 L/HIRF 分析没有检查非金属结构搭接网络的指导意见。有意见认为，不要拆解部件来检查潜在的失效，直到有迹象表明需要这么做为止。IMRBPB 认为该 IP 的范围不明确，不仅是可以关于搭接网络，所有保护设备或部件都需要考虑，因此仍需要多方进一步讨论。该 IP 保持开口
IP 116	Clarification of IP44: Evolution/Optimization Guidelines	该 IP 认为 IP 044 中勤务、报废等任务间隔延长的指导原则或缺少，或不具备操作性，建议修订 IP 044。IMRBPB 表示同意
IP 117	Clarification of Glossary Definition for GVI / DET / SDI Inspections	该 IP 认为 MSG-3 文件对 GVI、DET、SDI 的定义需要修订。例如，对于 GVI，除镜子外，是否还可以使用别的工具等等。IP 提出了修改的建议，但 IMRBPB 表示不同意按照建议修订相关术语定义
IP 118	MRBR Approval Schedule	工业界认为当前关于 MRBR 批准的流程对于首次批准和后续修订版本的批准没有作区分，可能会导致修订版本得到批准的用时过长而不能满足持续适航的问题。建议对于 MRBR 的首次批准和后续修订的批准给出更明确的指导意见。IMRBPB 同意后续和 MRB 以及 ISC 成员沟通之后，给出更明确的指导意见
IP 119	CPCP — Corrosion Level Definition	该 IP 比较了 MSG-3、EASA AMC 20-20、FAA NPRMg 关于 CPCP Level 1 的定义，发现 MSG-3 的定义严于其他两个。建议按照 EASA AMC 20-20，修订 MSG-3 文件。IMRBPB 表示同意

IP 序号	标　　题	解　　读
IP 120	Updating of List of MRB and ISC Personnel in MRB Report Revisions	该 IP 认为对于 MRBR 的每次改版都需要 MRB 和 ISC 人员的名单,包括姓名,供职单位等信息,会带来很大的工作量,对视频会议或者网络会议,工作量会尤其大。而这样做并没有带来额外的价值。IMRBPB 认为初始 MRBR 需要包含详细的名单,对于改版的 MRBR,将只需要局方成员信息以及 ISC 主席和执行主席信息。上述意见将落实到相关的 MRB 指导材料中
IP 121	Zonal Transfer — Wording Improvement to Remove Inconsistencies	关于 GVI 和 VCK 转移到区域的原则问题,IP101 已经作了明确,但是文字上,并没有总是同时提到 GVI 和 VCK,导致可能出现 5 类或 8 类失效影响产生的 VCK 任务可能被转移到区域。因此建议修订 MSG-3 相关文字描述。IMRBPB 表示接受
IP 122	Clarification of Definitions for General Visual (GVI), Detailed (DET), and Special Detailed (SDI) Inspections	在 IP 117 的讨论基础上,该 IP 认为当前 GVI 的定义没有提到执行 GVI 可以清洁,因此建议补充;建议去掉 DET 定义中的"视觉的"形容词,以表明 DET 也可以是触觉上的检查;建议 SDI 同时包括 Non Destructive Inspection(NDI)、Non Destructive Testing(NDT),且并不总是需要特殊资质的人才能执行。IMRBPB 表示接受推荐的更改
IP 123	Aircraft Utilization Considered in the MRBR (Utilization Windows / Regular Operation)	MRBR 只规定了适用的利用率的范围,但即使在正常范围之内,飞机也有可能停飞一段时间,如果该时间超过一定的天数,可能需要做额外的维护工作。但 MRBR 对此却没有任何描述,因此建议在 MRBR 中加入适当的声明,如:"飞机停止运营期间,如停放/存储,可能需要额外的维护程序"。IMRBPB 表示接受
IP 124	MSG-3 Analysis of Emergency/Backup Equipment Having Evident Functional Failure(s)	当前 MSG-3 的描述容易让 MSG-3 的新近使用者误解成:对于应急/备份设备的显性失效,也需要考虑成影响安全性的失效而最终归为 5 类失效。建议增加一个注以澄清该问题。IMRBPB 确认应急/备份设备的显性失效不会被强制归类为 5 类失效,但没有同意增加注释的要求
IP 125	Introduction of MSG-3 for Rotorcraft	该 IP 提议制定针对旋翼飞机的 MSG-3 文件,而不是使用当前基于固定翼飞机的 MSG-3 文件,作为 MSG-3 文件的单独一卷(MSG-3 文件卷 1 是关于固定翼飞机,卷 2 是关于旋翼飞机)
IP 126	Use of Technical Standard Order (TSO) for MSG-3 Analysis	该 IP 建议供应商的 Technical Standard Order(TSO)文件,可以和 CMM 一样,作为供应商推荐间隔的源数据。IMRBPB 表示同意,并建议修订 VR 的定义
IP 127	Enhancement to Letter of Confirmation	IP083 的确认函在应用之后,发现由于对"主"局方、"客"局方之间程序的指导不足,造成应用起来发生分歧。因此建议升版确认函。IMRBPB 同意更新确认函。该 IP 最终将覆盖 IP083
IP 128	Impact of AC 25-19A on ATA MSG-3 Document	FAA 发布了 AC 25-19A,以代替此前的 AC 25-19,该 AC 影响到 MSG-3 文件中关于 CCMR 与 MSG-3 任务协调的过程。因此提出修改流程图和相关描述。IMRBPB 认为现有流程无需更改,只需要修改相应描述
IP 129	Lightning/HIRF (L/HIRF) Methodology Clarifications	在几个型号上应用 L/HIRF 分析逻辑之后,TC 申请人发现当前的 L/HIRF 分析逻辑在以下方面作进一步明确:分析范围、L/HIRF MSI 的定义、如何应用在役数据、任务选择标准等;该 IP 建议对 MSG-3 分析进行修订并提出了修改建议。IMRBPB 表示同意,同时表示在使用新的 L/HIRF 过程之前,TC 申请人必须就保证计划的使用达成一致,并落实进 PPH 中

IP 序号	标 题	解 读
IP 130	Zonal Transfer of Structural Maintenance Requirements	MSG-3 文件中对结构维修要求转移到区域的流程不够清晰,建议完善相关描述并提出建议。IMRBPB 接受了相关建议
IP 131	Acceptance of FEC 8 without Tasks	按照当前 MSG-3 的逻辑,8 类失效影响必须要有任务,但是 TC 申请人却遇到了 8 类失效影响无法产生适用并有效的任务的情形,并列举了三个示例。因此建议修改相应的 MSG-3 分析文件,以允许 MRB 接受 8 类失效不产生任务的分析结果。IMRBPB 认可前两个示例,但拒绝了第三个。相关的修改将落实进 MSG-3 文件中
IP 132	Limit FEC8 Consideration to the Safety/Emergency Functions of Safety/Emergency Systems or Equipment	该 IP 认为对于安全性/应急系统或者设备的隐蔽功能,当前 MSG-3 文件的描述将导致分析人员对所有的隐蔽功能,不管该隐蔽功能是否与"安全性"或者"应急"直接或者间接相关,最终的失效都归类为 8 类。因而建议修订 MSG-3 文件,只有那些与"安全性"或者"应急"直接相关的隐蔽功能失效才能定为 8 类失效。IMRBPB 提出了新的建议(修改了描述,明确了只有那些与"安全性"或者"应急"直接相关的隐蔽功能失效才会被考虑为 8 类失效),并在会上达成了一致
IP 133	Incorporate AC 25-27A (EWIS/EZAP) in ATA MSG-3 Document	FAA AC 25-27A 要求对 Electrical Wiring Interconnection Systems (EWIS)开展增强区域分析,因此需要修订 MSG-3 文件,以明确标准区域分析和增强区域分析的定义以及分析流程
IP 134	CMR/MSG-3 Coordination and the Effects on IP-44	在应用 IP044 时,对于那些在 CMCC 过程中用来覆盖 CCMR 任务的 MRBR 任务,其延长的间隔不能超过之前的 CCMR 任务的间隔
IP 135	Zonal Analysis for Zones with Different Levels of Access	当前 MSG-3 分析文件里确实说了对于同一个区域,可以按照接近的难易程度,产生不同的任务,但实际上,有些 TC 申请人,只在一个特定的接近水平上产生了一条任务。因而该 IP 建议修订 MSG-3 文件相关描述,以明确这方面的要求
IP 136	Standardization of the MRB Process and Harmonization of the IMRBPB Recommendations	该 IP 提议制定一份关于 MRB 流程的标准文件,供 IMRBPB 成员局方使用,方便各局方达成一致。IMRBPB 表示同意
IP 137	Consistency between Current Zonal Analysis and 2013 L/HIRF Analysis Procedures	当前 MSG-3 文件区域分析一节有一段关于 L/HIRF 产生的 GVI 任务转移到区域的内容,但实际上 2013 版的 MSG-3 文件,L/HIRF 分析一节已经修订过了,不会再产生要转移到区域的 GVI 任务,因此建议删除区域分析一节相关描述。IMRBPB 表示同意
IP 138	L/HIRF Terminology	最新 MSG-3 文件已经不再使用"L/HIRF Protection System"这一术语,建议从术语列表中删除
IP 139	Update of Rating Tables — Surface Protection Systems and Material Rating	该 IP 注意到有些 TC 申请人的结构表面保护的评级表格已经有 20 多年,历经多个型号,都没有任何更新,尽管结构表面保护的技术已经有很大的发展。因此建议在 MSG-3 加入要评级表格要不断更新,以体现技术的发展
IP 140	Protective Functions (Not Safety/Emergency Related)	对于非安全/应急设备的保护功能的上层分析问题 3,当前 MSG-3 分析缺少指导原则,建议补充。IMRBPB 表示同意

续　表

IP 序号	标　题	解　读
IP 141	CPCP for Safe Life Items	对于安全寿命件,发现已有的 MRBR 分析不够彻底,也没有被足够的 ED/CPCP 任务覆盖。因此本 IP 建议在 MSG－3 文件中明确 CPCP 必须覆盖安全寿命结构
IP 142	MSG－3 Logic Diagrams — Title Consistency	当前 MSG－3 中几个分析的逻辑图的图题用词不统一,建议修订
IP 143	Definition of Visual Check	当前 MSG－3 对于 VCK 和 OPC 的定义几乎完全一致,而实际上两者之间是有区别的。因此建议修订 MSG－3 中 VCK 的定义,以及相关描述
IP 144	Clarification of Policy Permitting the Consolidation of Tasks	当前 MSG－3 文件中关于"Consolidation"的政策不明确,比如,哪些任务可以"Consolidation",哪些不可以,"Consolation"与"Combination"的区别是什么。因此建议修订 MSG－3 文件。根据 IP 推荐的修改内容,将只允许发现失效的任务(OPC 和 VCK)的"Consolidation"。IMRBPB 表示同意,并要求对现有 PPH,均要回溯,补入相关原则。该 IP 替代了 IP 077
IP 145	Discard Task Interval Incorporation by Reference in the MRBR	MRBR 里面的很多报废任务是和 ALS 的安全寿命件或者限寿件相关的。这些安全寿命件或者限寿件的时限会不时更改。ISC 和 MRB 很难跟踪或者控制每一条这样的报废任务。因此该 IP 建议,安全寿命件或者限寿件相关的报废任务的间隔直接参引相关的 ALS 文件,而不是把间隔直接复制到 MSG－3 任务中。对于 ALS 中安全寿命件或者限寿件时限的延长或者删除,都需要经 ISC 审查以确保报废任务适用并有效
IP 146	Recording Vendor Recommendations — Task Interval Consistency	对于间隔为供应商推荐间隔的任务,很多 MRBR 采用"VR"来代替具体的数值。但供应商推荐的间隔(一般来自 TSO 或者 CMM)可能会发生变化,而这些变化是不受 ISC/MRB 控制的。所以单纯写"VR"可能会导致 MRBR 初始发布后,任务间隔失控。该 IP 建议,在使用供应商推荐间隔时,必须给出具体数值,或者在附件中列出所有供应商推荐间隔的明确数值。当供应商的推荐间隔发生改变时,应遵循正常的任务间隔更改的流程。IMRBPB 对此表示同意
IP 147	Clarification of "Human Occupant" in Volume 2	MSG－3 卷 1 中关于固定翼飞机的一些概念在移用于卷 2 的旋翼飞机时,很容易引起不同的理解。如"Human Occupant",在卷 2 中应不仅包括机内的乘员,还包括机外比如吊舱里的人员。因此需要修订相关的描述
IP 148	Applicability of PSE's for Normal Category Rotorcraft	在 MSG－3 卷 2 发布时,PSE 的概念只适用于运输类旋翼飞机,不适用于普通旋翼飞机,但是现有规章已有新的要求,PSE 也适用于普通旋翼飞机,因此需要修订 MSG－3 文件
IP 149	Deletion of Reference to 14 CFR 25.571 Requirement from Section 2－4－1	修改 2－4－21 节 SSI 定义说明与 PSE 不同时引用的适航法规。已在 2015 版 MSG－3 文件落实
IP 150	Consideration of Non MSG－3 Tasks in the MRBR	该 IP 探讨了 MSG－3 任务,地方法规和 MRB 任务之间的关系。依据 MSG－3 分析原则产生的任务与地方法规规定的原则或任务并不相同,在提交到 MRB 审核的任务清单中,应只包含 MSG－3 任务

续 表

IP 序号	标 题	解 读
IP 151	LHIRF Structural Protection Identification within the MSG -3 Analysis Process	该 IP 澄清了 L/HIRF 结构防护项目的确认方法和示例。结论是：LHSI 是由设计工程专家确定的重要系统/结构 L/HIRF 防护部件，每个 LHSI 的范围由 MSG -3 分析人员定义，LHSI 也可以由 MSG -3 分析人员基于运行性或经济性因素确定。LHSI 的部件通过基于防护部件退化的预期后果进行的工程判断选择，典型的防护部件可能包含搭接线、连接器以及导电网。该 IP 同时提醒注意，所有设计人员定义的重要防护部件必须作为 LHSI，其他 MSG -3 分析人员增加的防护部件需经 ISC 认可
IP 152	Clarification of MSG -3 Applicability & Effectiveness Criteria	该 IP 讨论了 MSG -3 分析中的适用性和有效性的问题。关于任务选择的标准一直是争议的焦点，对于不同失效类别的有效性标准一直没有明确
IP 153	Approval Status of MRB Report Appendices	该 IP 讨论了 MRB 报告的附件签审问题，目前关于各国局方签审对于 MRB 附件有效性不明确
IP 154	MRB Requirements Specific to A Signing Authority	该 IP 讨论了地方法规和 MRB 任务的矛盾，当使用 MSG -3 分析规范产生的任务不满足某国规章的要求时，或者将国家规章强加进 MRB 中，都带来了签审和实际使用问题
IP 155	L/HIRF "Unacceptable Degradation" Definition	该 IP 澄清了"不可接受的退化"的定义。结论是：不可接受的退化定义为飞机寿命期内 L/HIRF 防护部件的退化，该退化可能导致其无法继续需要的 L/HIRF 防护能力
IP 156	Power-up Built-In Tests (PBITs)	该 IP 澄清了 PBIT 在判断失效显隐性以及针对 8 类失效，是否可以因为有相应的 PBIT 就可以不产生任务等问题。结论是：PBIT 作为将失效判断为显性的前提是必须要在 MRBR 里明确该系统每天需要关电至少一次；对 8 类失效，以系统会自动执行 PBIT、作为不产生任务的前提是必须要确保 PBIT 执行得足够频繁以保证失效会被及时探测到，系统两次关电之间的最大间隔必须要在 MRBR 报告中予以明确。该 IP 同时建议在 MSG -3 文件的 2 -3 -5 和 2 -3 -6 分别增加一个注
IP 157	Use of the Term "Critical Protection" in LHIRF MSG -3 Guidelines	该 IP 澄清"关键保护"的含义和使用。结论：删除 2 -6 节 L/HIRF 中关键系统和结构的参考以及术语定义中的 LHSI 定义
IP 158	Description of Scheduled and Non-scheduled Maintenance	该 IP 描述了当前 MSG -3 分析规范中有关于"非计划维修"的相关论述，且前后有矛盾的地方
IP 159	Rotor Drive Systems and Powerplant Analysis Flowchart Figure 2 -3.1 - Clarification	当前 MSG -3 卷 2 关于旋翼飞机的 MSG -3 分析流程不清晰，因此提出该 IP，完善分析流程
IP 160	MRBR Periodic Review	MRBR 是一份持续更新的文件，需要定期进行评估。当前，MRBR 按年审查的内容在业界没有统一，与 IMPS 规定也不一致。因此提出此 IP，明确了定期审查需要评估的内容，并更新了 IMPS
IP 161	International MRB/MTB Process Standard (IMPS)	该 IP 认为当前 IMPS 已经可用，建议 IMRBPB 采用。通过实施 IMPS，各国的 MRB/MTB 过程将统一

续　表

IP 序号	标　题	解　读
IP 162	Sampling Programs Purpose	在 WG 和 ISC 会议上,TC 申请人和运营人倾向于通过采样,来批准比推荐方法(如试验、技术分析、供应商推荐、运营数据等)得到的间隔更长的间隔。该 IP 明确指出采样只能用于验证没有发生未预期的退化,不能作为选择比有数据支撑的间隔更长的初始间隔的手段
IP 163	CPCP Review As Part of the Periodic Review	将 CPCP 审查作为周期审查的一部分内容,明确该 IP 方案将用来修改 IMPS,明确把该项修改写进现行的 PPH 文件
IP 164	Structural Analysis for Landing Gear	以起落架为例的项目同时符合 MSI 和 SSI 定义,但是作为 SSI,其 CPCP 要求常常不能得到充分考虑:或者将起落架的全部维修任务归入系统章节,或者在没有定义 CPCP 要求的情况下将结构任务转入区域。该 IP 提出对 PPH 中工作组注释及腐蚀预防与控制大纲内容进行补充,强调对于不同工作组间的重复任务进行评估时应仔细考虑任务意图,并应特别关注 MRBR 中覆盖 CPCP 要求的任务,包括被转入或合并入结构以外章节的任务
IP 165	MSG － 3 Analysis of Engines/APU/Propellers	有 TC 申请人尝试将发动机和螺旋桨排除在 MSG－3 范围之内。该 IP 重申了发动机和螺旋桨,必须与飞机其他系统一起,作为一个整体,开展完整的 MSG－3 分析,并建议在 IMPS 中增加4.7.8 一节,作为明确要求
IP 166	Letters of Confirmation	IP 83 和 IP 127 中的确认函模板已不再适用于多局方情形,因此取消 IP 83 和 IP 127 并修订 IMPS
IP 167	Electronic Signature Standards and Approval of MRB "Data Blocks"	随着技术的发展,主制造商希望以预先定义的电子形式提交 MRB 任务,以方便运营人导入他们的维修软件系统,因此需要考虑 MRBR 如何以电子签名的方式进行批准。该 IP 建议修订 IMPS,使得电子签名批准 MRBR 成为可能
IP 168	IMPS Revision — MRBR Periodic Review	MRBR 是一份持续更新的文件,需要定期进行评估。当前,MRBR 按年审查的内容在业界没有统一,与 IMPS 规定也不一致。当前的文件中一些描述用词不当
IP 169	Influence of National Requirements on the Development of MSG － 3 Analysis and Task Selection	IMPS 和 MSG－3 文件没有提供足够详细的信息以指导实际中将 MSG－3 分析逻辑和国家规章结合在一起的规则。建议修订 IMPS 和 MSG－3 文件
IP 170	HUMS for Credit	该 IP 探讨了如何在旋翼飞机 MSG－3 分析过程使用健康和使用监控(health and usage monitoring,HUM)
IP 171	Scope of FD Analysis in MSG － 3	该 IP 探讨了 MSG－3 中疲劳损伤分析的范围。PSE 是适航限制项目,其 FD 分析不属于 MSG－3 范围;非 PSE 的 SSI 的 FD 的检查间隔由工程部门决定,MSG－3 仅需要对非 PSE 的 SSI 的疲劳损伤的可行性和可达性进行评估
IP 172	3 Year IMPS Cycle	该 IP 决定 IMPS 的修订周期为 3 年
IP 173	MRBR Temporary Revisions Policy	该 IP 明确了 MRBR 临时修订的政策,并落实进 IMPS

IP 序号	标　　题	解　　读
IP 174	IP Management Procedure Changes	随着 IP 越来越多,对 IP 的有效管理显得日益突出。该 IP 建议分 "Active、Incorporated、Archived" 三类对 IP 进行管理,使得 IP 的使用方能清楚该 IP 的状态,同时修订 IP 管理程序,并在 IMPS 中明确 IP 采用原则
IP 175	IMPS 4.6 Maintenance Review Board Report (MRBR) Proposal	该 IP 建议调整 IMPS 中部分章节内容的位置
IP 176	Task Data As Part of the MSG-3 Dossiers	任务数据的相关信息没有体现在 MSG-3 制定使用中,造成了相关数据的使用在 OEM 和 TCH 的不明确和混乱
IP 177	Use of Engine Condition Monitoring (ECM) Update	关于 MSG-3 中能否利用 ECM 的问题,IP 019 已经探讨过,但目前 IMPS 里 ECM 任务仍然不能替代或者延长 MSG-3 分析产生的任务,导致在 MSG-3 分析过程中实际上还是不能充分利用 ECM。该 IP 建议修订 IMPS 的 4.7.2 一节,以能在 MSG-3 分析过程中利用 ECM。IMPS 表示同意
IP 178	Time Limited Dispatch (TLD) Task Interval Consideration	关于 FADEC 系统的签派间隔是在发动机适航限制部分定义的。这些限时签派间隔能否在 MSG-3 分析时使用,各个局方存在不同意见。该 IP 因此明确了,在制定 MSG-3 任务间隔时,可以考虑所有可能存在的或者相关任务间隔作为源数据,在这些源数据的基础上,再制定 MSG-3 的任务间隔
IP 179	Wear Damage Detection Task	该 IP 指出 MSG-3 文件中存在磨损损伤的定义和描述,以及要求分析时考虑磨损损伤的要求,但没有具体指导 OEM 和工作组如何发现和制定磨损检查任务的指南。IP 推荐使用 FNC 和 SDI 方法来定性或定量地检测磨损量,具体为在系统/动力装置和结构章节分别增加注 "运用系统/动力装置(结构)逻辑识别出的一项 SDI,可用于使用测量工具在特定的限制内检测磨损损伤。"该建议在 2018 版 MSG-3 文件中被采纳和落实
IP 180	Aircraft Health Monitoring (AHM) Integration in MSG-3	当前 MSG-3 逻辑没有涉及 AHM,如何在 MSG-3 分析过程中利用 AHM 成为一个日益突出的问题。本 IP 探讨了如何修订 MSG-3 文件,以在分析逻辑、流程等各方面,体现 AHM 的作用。修订涉及的内容较多,IMRBPB 建议各 TCH 申请人可以按照当前 IP 开展工作,以积累经验,而对 MSG-3 文件的具体修改将落实到 MSG-3 文件 2021 版中
IP 181	Deletion of Note in §2.3.1-2 of MSG-3 Volume 2	删除 MSG-3 卷 2 §2.3.1-2 中的注。因为燃油箱防爆的特殊分析要求不适合于在 2006 年之后才可能出现的旋翼飞机 MRBR 报告
IP 182	Traceability during Consolidation	MSG-3 中缺乏关于任务合并的指导规则。该 IP 明确了任务合并的原则,并强调了合并任务的可追溯性
IP 183	Corrosion Prevention for Rotorcraft	从固定翼飞机移来的 CPCP 相关要求,在应用于旋翼飞机时,产生不少问题,例如 CPCP 只适用于 SSI,而旋翼飞机绝大部分的结构都不属于 SSI,但运营人在易于发生腐蚀的环境下运营时,又确实需要腐蚀控制。因此该 IP 着重解决这些问题,并提出对 MSG-3 卷 2 的修订建议

续　表

IP 序号	标　　题	解　　读
IP 184	Correct Transcription of ED in Supplemental Analysis	MSG－3 卷 2 中,部分缩略语 ED 写作 Environmental Damage,应改为 Environmental Deterioration
IP 185	Handling of Pressure Cylinders within MSG－3	在 MSG－3 分析中,如何处理压力容器(如灭火瓶、氧气瓶),不同的 TC 申请人往往有不同的做法,甚至不同的国家也有不同的规章要求。该 IP 首先收集整理了波音、空客等 TC 申请人,以及航空公司和局方对这一问题的意见和建议,试图寻求针对压力容器 MSG－3 过程中存在的问题,寻求相对一致的解决办法。IP 最终的建议是:根据历史运营数据,在分析失效原因时,可以不考虑压力容器破裂,并认为目前有些压力供应商推荐的静水压测试是不适用的。同时建议要特别注意需要定期充气的压力容器,如氧气瓶,因频繁使用而引起的功能退化以及可能产生的水气和其他污染物
IP 186	Updated Definition of "Operating" in MSG－3 (Rev.2018.1) Volume 1 and 2	MSG－3 文件 2018 版与 ICAO 附件 13 关于"操作"的描述不一致,建议修改定义
IP 187	Application of IPs	关于 IP 的使用没有得到重视和实施,许多有效的建议没有落实,IP 没有受到有效的跟踪、管控。该 IP 要求在 IMPS 中加入对 IP 的管理要求
IP 188	Use of the Term "Operator" Instead of "Airline"	MSG－3 已经被越来越多的用户使用,且用户已不局限于"航空公司",因此建议修改 MSG－3 规范中的描述,将"Airline"修改为"Operator"
IP 189	EZAP definition	降低可燃物聚集可能性的 EZAP 任务只适用于包含 EWIS 的区域,但当前 EZAP 的定义可能让人误解成不包含 EWIS 的区域也有可能需要制定降低可燃物聚集可能性的任务。因此提出修改 MSG－3 文件中 EZAP 的定义,明确 EZAP 只适用于包含 EWIS 的区域
IP 190	Identification of Failure Causes	为了选择适用的任务,需要正确地定义失效原因。然而,失效原因如果只定位到 LRU,常常是不够的。有时需要给出 LRU 失效的细节,例如阀失效在关位或者开位、机械失效或者电气失效等。这样后续分析时才能正确地选择任务(同一个部件的不同失效模式可能需要制定不同的任务,不能笼统地说某个部件失效)。因此 EASA 提出在 MSG－3 系统分析部分增加一段,明确要求确认失效原因时必须给出足够的部件失效细节(如阀失效在开位/关位、密封圈泄露、过滤器堵塞等)
IP 191	Imps Certification Review Item	有些 TC 申请人,在理解 IMPS 4.1.5 节中"Issue Paper"(注:这里的 Issue Paper 不是指 IMRBPB 的 IP)时,可能只参引 FAA 发布的 Issue Paper,而不参引 EASA 的 Issue Paper。该 IP 强调,不论 MRB 主席属于哪一个局方,申请人应同时参引各方适用的 Issue Paper,以满足对等原则。此外,IMRBPB 的 Issue Paper 和 Certification Issue Paper 容易引起误解。因此建议修订 IMPS,避免歧义
IP 192	In Flight Loss of Structure Items	MSG－3 文件的 2－4－4 节提到结构计划维修任务制定需要考虑飞行中可能丧失的结构件。但在 SSI 选择过程中,没有完全覆盖这部分结构件。该 IP 指出,不承担重要的飞行、压力或者控制载荷的结构,但是它的丢失可能会间接造成飞机损伤,也要考虑定义成 SSI。因此提出修改 MSG－3 2－4－1 一节 SSI 的定义。简而言之,一些飞行中可能会掉落的盖板、口盖,之前都没有考虑成 SSI。新的定义下,需要设计部门提供仿真、安全性分析、疲劳试验结果、在役经验等分析,再来判定该结构件是否是 SSI。一些小的结构件,比如盖板,掉落之后,如果可能被吸进发动机,则也应作为 SSI 对待

IP 序号	标　　　题	解　　　读
IP 193	Unacceptable Degradation	MSG－3 2018 版关于"L/HIRF Component Unacceptable Degradation"的定义仍然不够清楚。WG 不知道"多少"保护才能提供"L/HIRF"保护能力。例如,有的搭接线有部分断丝,是否还能提供足够保护。另外,现有检查任务只是外表检查(目视检查,或者详细检查),内部是否确实能提供保护并不清楚。例如,有些搭接部位看着是好的,但内部可能已经损伤或者腐蚀了。该 IP 建议在 MSG－3 的 2.6.1－3 一节,增加以下要求:OEM 必须提供详细信息以说明 LHIRF 保护部件多大的损伤是允许的,以及如何探测这些损伤
IP 194	Sampling Applicability Not Limited to Systems and Powerplant	该 IP 认为取样不应仅限于系统/动力装置部分,例如,有的申请人用于起落架结构部分,有的申请人用于 LHIRF 部件。IP 建议将采样的定义从系统/动力装置章节移到前面的 2－1－2 方法一节
IP 195	Deletion of Duplicated Information in Task Development (Second Level) Section	该 IP 认为 MSG－3 文件系统/动力装置 Task Development 一节有不少重复信息,如解释什么是勤务,什么是操作检查,这部分在后面的术语部分已经有定义,重复出现容易让人误解,建议予以删除
IP 196	Zonal Procedure Scope Adjustment	该 IP 认为 MSG－3 文件区域 MSG－3 逻辑图可能会导致只包含其他结构的区域既不会被区域分析覆盖,也不会被结构分析覆盖,从而造成漏分析。并且文件的其他部分也存在将区域分析局限于包含有系统安装区域的情况。因此,提出修订 MSG－3,对上述问题予以澄清和修正
IP 197	Amendment to IP180 to Clarify System Features to be Certified by Type Certification Staff	该 IP 只适用于 MSG－3 的卷 1,是关于 IP 180 AHM 应用的。IP 180 建议增加的关于 AHM 的章节提到(这部分尚未正式纳入 MSG－3 文件):任何参考或者使用 AHM 系统的系统特性需要局方审定。该 IP 澄清此处的"系统特性"是机载系统特性。如果是 AHM 系统的地面特性,则不需要局方审定
IP 198	Freeze-Thaw Cycle Effect	该 IP 只适用于 MSG－3 的卷 2。由于直升机可能比固定翼飞机经受更多的"结冰-融化"的循环,如果有水进入,复合材料可能会发生变形、分层。因此建议在 AD 损伤部分、AD 评级等部分考虑这些因素

附录 3: IMPS 建议的 PPH 内容

Contents of PPH

参考文献

[1] 辛旭东,吉凤贤,余钧,等.民用飞机运行支持标准规范解析[M].北京:科学出版社,2021.

[2] 常士基,刘延利,郭润夏.民用航空维修工程[M].北京:航空工业出版社,2018.

[3] 左洪福,蔡景,吴昊,等.航空维修工程学[M].北京:科学出版社,2011.

[4] 丁昌昆.MSG-3维修思想在飞机维修中的应用[J].内燃机与配件,2020(7):175-176.

[5] 聂挺.MSG-2和MSG-3维修思想的差异化研究[J].中国民航飞行学院学报,2015(4):36-38.

[6] 李印福.从MSG理念演变看A320飞机维修[J].中国民用航空,2008(5):59-60.

[7] 孙滨,梁刚,谈云峰.MSG-3在民用航空器维修大纲制定中的应用[J].航空工程进展,2016(2):259-264.

[8] 王勇,徐志锋,王莹.MSG-3系统失效影响分析原理[J].航空维修与工程,2013(2):71-74.

[9] 丁朱寅.SFAR88适航限制项目与持续适航文件制定方法研究[J].民用飞机设计与研究,2012(B11):57-60.

[10] 丛昊.结构MSG-3分析方法介绍[J].民用飞机设计与研究,2013(1):81-85.

[11] 穆建红,杨崇莹.区域检查—飞机维修理念的新突破[J].中国民用航空,2005,60(12):67-68.

[12] 张勇,周恒,陈里根,等.基于MSG-3理论的区域分析在飞机维修大纲制定中的应用研究[J].教练机,2018(1):24-30.

［13］　苏茂根,陈明浩,卢翔.基于 MSG - 3 的民机维修大纲 L/HIRF 防护分析研究
　　　　［J］.航空维修与工程,2014(1):71 - 73.

［14］　陈明浩.基于 MSG - 3 的民机维修大纲 L/HIRF 防护分析研究［D］.天津:中
　　　　国民航大学,2017.

［15］　杨晓东,刘照兴.审定维修要求项目产生流程分析［J］.直升机技术,2015
　　　　(4):54 - 57.

［16］　谢宝良,黄铭嫒.审定维修要求(CMR)的产生过程及审查初探［J］.中国民航
　　　　大学学报,2009(2):18 - 22.

［17］　徐建新,逯军,王鹏.CMR 在适航审定中的应用研究［J］.中国民航大学学报,
　　　　2009(5):1 - 3.

［18］　孙铁源,孙永全.MSG - 3 分析任务与 CCMR 项目兼容性研究［J］.航空维修
　　　　与工程,2017(1):77 - 79.

［19］　逯军,王鹏,杨建忠.MSG - 3 维修任务与 CMR 维修任务的关系研究［J］.航
　　　　空维修与工程,2011(3):84 - 86.

［20］　贾宝惠,王大蕴,谢宝良.CMR 项目与 MSG - 3 工作比较研究［J］.航空维修
　　　　与工程,2009(4):73 - 75.

［21］　陈金宇.飞机适航限制部分编制方法浅析［J］.科技创新导报,2015(24):
　　　　237 - 238.

［22］　许海峰.适航限制条款的研究［J］.科技展望,2016(9):317.

［23］　施剑玮.民机结构适航限制项目制定方法的探讨［J］.民用飞机设计与研究,
　　　　2016(4):17 - 19.

［24］　郑晓玲.民机结构损伤容限适航验证技术研究［C］.深圳:大型飞机关键技
　　　　术高层论坛暨中国航空学会 2007 年学术年会,2007.

［25］　毛文懿,李涛,贾洪.运输类飞机燃油系统点火源防护相关适航限制研究
　　　　［J］.民用飞机设计与研究,2016(2):61 - 65.

［26］　林桂平.飞机燃油系统适航限制项目制定方法的研究和分析［J］.科技视界,
　　　　2015(26):110 - 111.

缩略词

缩略语	原文	中文
AC	advisory circular	咨询通告
ACO	Aircraft Certification Office	飞机审定办公室
AD	accidental damage	偶然损伤
AD	airworthiness directive	适航指令
ADR	accidental damage rating	偶然损伤等级
AEG	Aircraft Evaluation Group	型号航空器评审组
AFM	aircraft flight manual	飞机飞行手册
AHM	aircraft health monitoring	飞机健康监控
AI	artificial intelligence	人工智能
ALI	airworthiness limitation item	适航限制项目
ALS	airworthiness limitation section	适航限制部分
APU	auxiliary power unit	辅助动力装置
ATA	Air Transport Association of America	美国航空运输协会
CAAC	Civil Aviation Administration of China	中国民用航空局
CCAR	Chinese Civil Aviation Regulation	中国民用航空规章
CCMR	candidate certification maintenance requirement	候选审定维修要求
CDCCL	critical design configuration control limitations	重要设计构型控制限制
CFR	code of federal regulation	联邦规章代码
CFRP	carbon fiber reinforced polymer	碳纤维增强塑料
CIC	corrosion inhibitor compound	腐蚀抑制剂

缩略语	原　　文	中　　文
CMCC	Certification Maintenance Coordination Committee	审定维修协调委员会
CMR	certification maintenance requirements	审定维修要求
CPCP	corrosion prevention and control program	腐蚀预防与控制大纲
DET	detailed inspection	详细检查
DIS	discard	报废
EASA	European Union Aviation Safety Agency	欧洲航空安全局
ECTM	engine condition trend monitor	发动机状态趋势监控
ED	environmental deterioration	环境恶化
EDR	environmental deterioration rating	环境恶化等级
ENG	engine	发动机
ETOPS	extended-range operations	延程运行
EWIS	electrical wiring interconnection system	电气线路互联系统
EZAP	enhanced zonal analysis procedure	增强区域分析程序
FAA	Federal Aviation Administration	美国联邦航空局
FC	flight cycle	飞行循环
FD	fatigue damage	疲劳损伤
FEC	failure effect	失效影响
FH	flight hours	飞行小时
FHA	failure hazardous analysis	功能危害性分析
FMEA	failure mode effect analysis	故障模式影响分析
FNC	functional check	功能检查
FOEB	Flight Operations Evaluation Board	飞行运行评估委员会
FR	frame	框架
FSB	Flight Standards Board	飞行标准化委员会
FTA	failure tree analysis	故障树分析
GFRP	glass fiber reinforced polymer	玻璃纤维增强塑料
GVI	general visual inspection	一般目视检查
HIRF	high intensity radiated fields	高强辐射场
IP	issue paper	发布报告
IMPS	International MRB/MTB Process Standard	国际 MRB/MTB 过程标准

缩略语	原　　文	中　　文
IMRBPB	International MRB Policy Board	国际 MRB 政策委员会
INS	inspection	检查
IPV	inside the pressure vessel	增压区内部
ISC	Industry Steering Committee	工业指导委员会
LHSI	lightning/hirf significant item	重要闪电/高强辐射场项目
L/HIRF	lightning/high intensity radiated fields	闪电/高强辐射场
LK	likelihood	可能性
LRU	line replaceable unit	航线可更换件
LUB	lubrication	润滑
MMEL	master minimum equipment list	主最低设备清单
MP	maintenance planning	维修方案
MPD	maintenance planning document	维修计划文件
MRB	Maintenance Review Board	维修审查委员会
MRBR	maintenance review board report	维修审查委员会报告
MSG	Maintenance Steering Group	维修指导小组
MSI	maintenance significant item	重要维修项目
MTBF	mean time between failures	平均故障间隔时间
MTBUR	mean time between unscheduled removals	平均非计划拆换时间
MTC	Maintenance Technology Committee	维修技术委员会
MWG	mechanical working group	机电工作组
MO	month	月
NDI	non-destructive inspection	无损检查
NDT	non-destructive testing	无损探伤
N/A	not applicable	不适用
OEM	original equipment manufacturer	原始设备制造商
OPC	operational check	操作检查
OPVE	outside the pressure vessel exposed	增压区外不受保护部分
OPVP	outside the pressure vessel protected	增压区外受保护部分
PPH	police procedure handbook	政策和程序手册
PHM	prognostics and health management	故障预测健康管理

缩略语	原　　文	中　　文
PR	protection rating	保护等级
PSE	principal structural elements	主要结构件
R.A.	regulatory authorities	当局
RS	residual strength	剩余强度
RST	restoration	恢复
RVSM	reduced vertical separation minimum	缩小垂直间隔
SB	service bulletin	服务通告
SC	sensibility to corrosion	腐蚀敏感性
SD	sensibility to damage	损伤敏感性
SDI	special detailed inspection	特殊详细检查
SMR	scheduled maintenance requirements	计划维修要求
SNS	standard numbering system	标准编号系统
SVC	servicing	勤务
SRM	structural repair manual	结构维修手册
SSA	system safety analysis	系统安全分析
SHM	structure health monitoring	结构健康监测
SSI	structural significant item	重要结构项目
TC	type certification	型号审定
TR	temporary revision	临时修订版
VCK	visual check	目视检查
VR	visibility rating	可见性等级
WG	Working Group	工作组
YR	year	年
ZIP	zonal inspection procedure	区域检查大纲

专业术语

■
■
■
■

偶然损伤（accidental damage，AD）	一个项目的实际恶化情况。恶化是由于该项目与飞机以外的物体接触或碰撞，或者其他非飞机本身的影响因素造成的，也可能是在飞机的制造、使用、维修过程中由于人为差错造成的。
适航性限制（airworthiness limitations）	持续适航性说明中包含的强制更换时间、结构检查间隔及相关结构检查任务。这部分也可以用于确定有关疲劳检查的门槛值，以及将腐蚀控制在一级甚至更好的要求。适航性限制中所包含的有关信息，应根据使用和/或检查经验或者新的分析方法进行修改。
失效的条件概率（conditional probability of failure）	在相关项目开始时已经存在的条件下，在一个特定的时期失效发生的可能性。
一级腐蚀（corrosion level 1）	不需要对结构进行加强或更换的腐蚀损伤。或在连续检查期间发生的，其损伤超过了允许极限，但损伤是局部的，其损伤原因是运营人相同机队中非典型事件造成的（如水银溅落）。
腐蚀预防和控制大纲（corrosion prevention and control program，CPCP）	为了把飞机的腐蚀状况控制在一级或者更好而制定的维修方案，该方案里的维修任务具有确定的门槛值。
损伤容限（damage tolerant）	飞机结构的一种限定标准。一个项目如果在探测出损伤之前，能允许损伤或剩余结构部分能承受合理载荷而不出现结构失效或者超过允许范围的形变，则认为是损伤容限的项目。

分层/脱胶（delamination/disbond）	在结构组件中，由于使用中的偶然损伤、环境影响或者循环载荷引起结构黏接表面的分离或裂缝。
对运行安全性有直接有害的影响（direct adverse effect on operating safety direct）	由于自身的原因直接导致的功能失效或者由其引起的二次损伤，而不是与其他功能失效结合起来造成的综合性影响（此项目没有冗余，是飞机放行的关键项目）。
对安全性有害的影响（adverse effect on safety）	指那些阻碍了飞机的持续安全飞行与着陆，或者能引起极其严重的影响甚至造成机毁人亡。
运行（operating）	指乘客和机组以飞行为目的而停留在飞机上的一段时间。
报废（discard）	项目按照规定的寿命限制退役。
经济性影响（economic effects）	不妨碍飞机运行的失效影响，但由于需要在飞机上或车间修理中增加人力和物力，从而造成不必要的经济损失。
电气线路互联系统（electrical wiring interconnection system，EWIS）	两个或更多点的电路连接系统。还包括连接终端的设计（如连接器、接线盒、接头）以及必要的安装和辨认手段。
环境恶化（environmental deterioration，ED）	由于项目与气候或者环境的化学作用引起项目强度和抗失效能力的实际恶化。
外部检查（external inspection）	不需要拆卸任何口盖便可完成的任务定义为外部检查；通过打开登机门、货舱门、服务门或者通过操纵面倾斜即可完成的任务也可视为外部检查。
失效（failure）	在预先规定的限度内，项目丧失了执行功能的能力。
失效原因（failure cause）	功能失效的原因/功能失效为什么会发生。
失效条件（failure condition）	由于一个或多个失效引起的不利于飞机运营和不利的环境条件，它将直接/间接地对飞机及其成员产生影响。
失效影响（failure effect）	功能失效的后果。
疲劳损伤（fatigue damage，FD）	由于交变载荷和持续扩张产生的一个或多个裂纹。
故障（fault）	可以确定一个冗余度系统中的项目发生失效（不能再使用），但对系统（重要维修项目）所需输出的功能不造成影响。在系统层级上，不认为故障是一种功能失效。

容错系统(fault-tolerant system)	指设计时存在余度元件的系统,这些元件可能的失效对安全和运行性能没有影响。当系统的冗余部件发生失效/故障时,系统本身并没有失效。在个别情况下,这些故障信息不会传达给空勤人员,而根据飞机设计特征,在故障存在的情况下飞机依然可以运行,且能满足所有审定及适航要求。
FD 检查门槛值(FD inspection threshold)	FD 检查门槛值是指首次 FD 检查时所经历的飞行循环数。确定适当的 FD 检查门槛值应依据每一个 SSI 估计的裂纹扩展寿命。这个裂纹扩展寿命的估计是以如下参数为基础的: (1) 飞机设计的平均寿命目标值; (2) 疲劳试验结果; (3) 裂纹扩展分析结果; (4) 使用经验。
FD 抽样程序的可行性(feasibility of an FD sampling program)	对于疲劳抽样大纲,大多数的 SSI 都是合适的候选对象。疲劳抽样大纲强调的是在机队中针对使用时间长(飞行频率高)的飞机进行 FD 检查。抽样大纲是基于如下参数的统计方法制定的: (1) 预计平均寿命; (2) 样本大小; (3) 损伤容限分析(DTA)报告; (4) 检查结果。 抽样大纲详细情况将在一个 SSI 达到其疲劳损伤门槛值之前最终确定。
功能(function)	一个项目所完成的动作/作用。
功能检查(functional check)	用来确定项目的一种或多种功能是否在规定限度内的定量检查。
功能失效(functional failure)	指项目在规定限度内不能完成其预期的功能。
隐蔽功能(hidden function)	一种能正常工作的功能,该功能的终止对履行正常职责的空勤组来说是不明显的; 一种在需要其工作之前通常不工作的、时刻备用的功能,其状态对履行正常职责的空勤组来说是不明显的。
可靠性和安全性的固有水平(inherent level of reliability and safety)	一个系统内在的、而且是由其设计阶段决定的可靠性和安全性的固有水平,也是部件、系统或飞机经过有效维修后所能期望最高的可靠性和安全性水平。如果要达到更高的安全性和可靠性水平,则一般需要进行改装或重新设计。

详细检查(inspection — detailed, DET)	为了检测损伤、失效或不正常的迹象,对一个特定的项目、安装和组件进行仔细的检查。检查时可借助正常的照明措施,如镜子、放大镜等辅助工具。必要时还应进行表面清洁和巧妙的接近手段。
一般目视检查(general visual inspection, GVI)	主要为检查明显损伤、失效和不正常的迹象而进行的对内部/外部、安装/组件的目视检查。这种检查除有特别说明外,都应该在触及的范围内。在检查区域,为了提高目视检查的可达性,可以采用镜子。这种检查应该在正常光照条件(如日光、机库内灯光、手电筒或者落地灯等)下进行。为了更好地接近检查区域,有时还需要拆开或打开检查口盖和门等,架设台架、梯子或者工作台。
单独的一般目视检查(inspection — general visual-stand-alone)	对特别需要关注的特殊项目或特征进行的一般目视检查,不属于区域检查的一部分。
特殊详细检查(special detailed inspection, SDI)	为了检测损伤、失效或不正常的迹象而对一个特定的项目、安装和组件进行的详细检查。这种检查可能需要专门的检查技术和设备,有时还要进行复杂的清洁、实物的接近或者分解工作。
内部检查(internal inspection)	需要打开口盖、盖板或整流罩等方能完成的任务定义为内部检查。
区域检查(inspection-zonal)	为了检查飞机的系统、动力装置和结构安全性的一般状况,通过制定的口盖和位置对飞机每个区域进行的一般目视检查。
间隔(初始-重复)(initial-repeat)	1)初始间隔(initial interval) 指从服务寿命的开始到完成第一次任务为止的时间。 2)重复间隔(repeat interval) 指连续完成规定维修任务的时间间隔(初始间隔之后)。
项目(item)	任何级别部件的组合体(如系统、子系统、模块/单元体、附件元件、组件、零件等)。
闪电/高强辐射场特性(L/HIRF characteristics)	闪电/高强辐射场保护组件的性质,这些性质必须执行预定的闪电/高强辐射场防护作用。
闪电/高强度辐射场防护组件(L/HIRF protection components)	有闪电/高强辐射场防护的、执行不同功能的任何独立的、联合的部件、组件、单元或结构。

润滑和勤务(lubrication and servicing)	为了保持固有设计性能而进行的各种润滑/勤务活动。
重要维修项目(maintenance significant item,MSI)	它由 TC 申请人确定,其失效包括:会影响地面或空中的安全性,和/或在运行中无法发现的,和/或会有重大的运行性影响的,和/或会有重大的经济性影响。
非金属(non-metallics)	指通过介质胶结在一起的纤维或层压原料制成的所有结构材料,如石墨环氧树脂、环氧硼树脂、纤维、玻璃纤维、环氧纤维 B、丙烯酸树脂以及类似的非金属材料等。非金属材料还包括黏结金属或非金属材料的黏合剂。
空勤组的正常职责(operating crew normal duties)	
空勤组(operating crew)	包括飞机驾驶舱和客舱的合格执勤人员。
正常职责(normal duties)	在日常事务的基础上,那些与飞机日常运行相关的所有职责,主要包括: (1) 在飞机使用过程中,按照飞机手册完成的操作程序和检查工作; (2) 空勤组通过正常的感官对不正常现象或失效所进行的判断(如气味、噪声、振动、温度、对损伤或失效的视角感受、操纵力的变化等)。
操作检查(operational check)	即用来确定一个项目能否完成其设计功能的任务,它不需要定量的容限,是一种发现失效的工作。
运行性影响(operational effects)	失效的影响会妨碍飞机任务的完成。这些故障会导致航班延误、航班取消、飞机停场或飞行中断、阻力序数的增加、飞行高度的限制等。
其他结构(other structure)	即判断为非重要结构项目的结构。在结构区域对外部和内部的其他项目都要进行详细的说明(确定)。
潜在失效(potential failure)	表明质量退化过程导致功能失效的一个确定的可识别的状况。
保护性设备(protective device)	用来避免、消除或者减小事件后果或者某些功能失效的任何设备或系统。
P – F 间隔(P to F interval)	从一个可以被检测到的潜在失效开始到其恶化为一个功能失效的时间间隔。
冗余功能元件(redundant functional elements)	用来为同一功能服务的系统或项目中的两个或更多个独立元件。

剩余强度(residual strength)	损伤结构所具有的强度。
恢复(restoration)	把一个项目恢复到规定的标准所需要进行的工作,恢复工作包括从单一部件的更换、清洁到整体的翻修。
安全寿命结构(safe life structure)	进行损伤容限设计不适用的结构。其可靠性由报废期限来保证——在疲劳裂纹出现前使该项目从使用中退役的时间。
安全/不利影响(safety/adverse effect)	如果失效会妨碍飞机的安全飞行和着陆甚至会导致机毁人亡的后果,则认为这种安全具有不利影响。
安全/应急功能(safety/emergency function)	安全/应急设备提供的功能,该功能提供对飞机设计时赋予的安全/应急相关事件的处理手段。
安全/应急系统或设备(safety/emergency systems or equipment)	设备或系统: (1)可以提高飞机在紧急状态下的人员撤离功能。 (2)如果需要时这项功能不工作,则对飞机的安全性可能有负面影响。
预定维修检查(scheduled maintenance check)	预先组合好的定期实施的任何维修机会,亦称计划维修检查。
重要结构项目(structural significant item,SSI)	承受飞行、地面增压或操纵载荷的任何重要结构细节、元件或组件。它们的失效将影响飞机安全所需要的结构完整性。
结构组件(structural assembly)	共同提供一种基本结构的一个或多个结构元件。
结构细节(structural detail)	飞机结构中最低功能层次,是一个结构元件上的独立部位区域,或是两个甚至几个元件的交接处。
结构元件(structural element)	两个或多个结构细节组成的一个可鉴别的制造厂结构部件。
结构功能(structural function)	飞机结构的作用形式。它包括在项目(细节、元件、组件)中,承受和传递规定载荷、并持续提供适当的飞机响应和飞行特性。
任务适用性(task applicability)	确定一项任务的一组条件,是一组引起分析工作的失效特性,完成任务后可以发现和/或纠正失效。
工作有效性(task effectiveness)	用来确定所选定工作是否适用的条件,即根据所选工作在检查间隔内能否避免、消除和减少失效后果带来的负面影响。

维修任务(tasks-maintenance)	恢复或保持一个项目到可用状态的一项工作或一套工作、包括对状态的检查和确定。
首次检查期(门槛值)(threshold)	见"初始间隔"。
门槛值期限(threshold period)	在一个项目投入使用后没有故障发生的期望时间段。
供应商推荐(vendor recommend)	维护指导文件包括材料、零件、部件 OEM 提供的支持数据。VR 可能包括例如推荐的检查间隔、周期性维修、润滑和测试程序,安装说明或者服役寿命。VR 可能包含在不同类型的原始文件中,例如 TSOs 和 CMMs。
目视检查(visual check)	目视检查是一种确定一个项目是否遂行其设计功能的观察工作,它不需要定量容限,是一种发现失效的检查工作。